I0868438

H. Oberth

Die Rakete zu den Planetenräumen

von

Hermann Oberth

Vorwort von

Prof. Dr. Wernher von Braun

Reprint der 5. Auflage von 1984

Oldenbourg Verlag München

Der **siebenbürgische Physiker Hermann Oberth** (1894–1989) gilt als einer der bedeutendsten Pioniere der Raketentechnik. Er war der Erste, der konkrete Konzepte und Konstruktionsentwürfe zur Raumfahrtwissenschaft vorlegte.

1. Auflage 1923
2. Auflage 1925
by R. Oldenbourg, München

3. Auflage 1960
4. Auflage 1964
by UNI-Verlag Dr. Roth-Oberth, 8051 Feucht
Reproduktionsdruck des Urtextes mit Genehmigung des Verlages R. Oldenbourg, München

Bibliografische Information der Deutschen Nationalbibliothek

Die Deutsche Nationalbibliothek verzeichnet diese Publikation in der Deutschen Nationalbibliografie; detaillierte bibliografische Daten sind im Internet über http://dnb.d-nb.de abrufbar.

© 2013 Oldenbourg Wissenschaftsverlag GmbH
Rosenheimer Straße 143, D-81671 München
Telefon: (089) 45051-0
www.oldenbourg-verlag.de

Das Werk einschließlich aller Abbildungen ist urheberrechtlich geschützt. Jede Verwertung außerhalb der Grenzen des Urheberrechtsgesetzes ist ohne Zustimmung des Verlages unzulässig und strafbar. Das gilt insbesondere für Vervielfältigungen, Übersetzungen, Mikroverfilmungen und die Einspeicherung und Bearbeitung in elektronischen Systemen.

Lektorat: Kristin Berber-Nerlinger
Herstellung: Constanze Müller
Titelbild: Irina Apetrei
Einbandgestaltung: hauser lacour
Gesamtherstellung: Books on Demand GmbH, Norderstedt

Dieses Papier ist alterungsbeständig nach DIN/ISO 9706.

ISBN 978-3-486-74187-2
eISBN 978-3-486-74712-6

Prof. Dr. Wernher von Braun
Direktor der Development Operations Division
der Army Ballistic Missile Agency,
Redstone Arsenal, Alabama

VORWORT

zur Neuausgabe des Buches „Die Rakete zu den Planetenräumen"
von *Hermann Oberth*

Das vorliegende Buch wurde im Jahre 1923 veröffentlicht. Es ist das wissenschaftliche Fundament, auf dem sich die technische Entwicklung der Astronautik bisher vollzogen hat.

Bis zur Herausgabe dieses Buches vor mehr als 35 Jahren war der Gedanke einer künftigen Weltraumfahrt nicht viel mehr als ein Gebilde schwärmerischer Phantasie. Gewiß hatte auch Hermann Oberth seine Vorgänger: Wie alle Wissenschaftler, so baute auch er seinen Beitrag zum Fortschritt auf ererbtem Gedankengut auf. Der Franzose Jules Verne hatte den Mond mit einer Riesenkanone zu erreichen gesucht und bereits richtig die hierzu erforderliche Geschoßgeschwindigkeit errechnet. Der Deutsche Hermann Ganswindt und der Russe Konstantin Eduard Ziolkowsky hatten bereits auf die Vorzüge des Raketenprinzips für den Bau eines Raumschiffes hingewiesen. Der Amerikaner Robert Hutchings Goddard hatte erklärt, daß es möglich sei, mit mehrstufigen Pulverraketen den luftleeren Raum zu erreichen und vielleicht sogar eine Blitzlichtladung auf der Mondoberfläche zur Entzündung zu bringen. Dennoch wäre jedem Physiker und Mathematiker der Gedanke, sich mit einer wissenschaftlichen Analyse des Problemes der Raumfahrt zu beschäftigen, völlig abwegig und absurd erschienen.

Hermann Oberth war der erste, der in Verbindung mit dem Gedanken einer wirklichen Weltraumfahrt zum Rechenschieber griff und zahlenmäßig durchgearbeitete Konzepte und Konstruktionsentwürfe vorlegte.

Seine langjährigen Studien fanden ihren ersten Niederschlag in dem vorliegenden Buche, das uns eine Fülle von bahnbrechenden Ideen schenkte. Die hier niedergelegten Gedankengänge und Berechnungen liefern den Beweis für die technische Durchführbarkeit der Raumfahrt. In prophetischer Klarheit beschreibt Hermann Oberth alle wesentlichen Elemente unserer heutigen Großraketen, die von zeitgenössischen Schreibern oft für Erfindungen der letzten Jahre gehalten werden. Darüber hinaus entwickelt er die theoretischen Grundlagen für Prinzip und Arbeitsweise von Flüssigkeitsraketen und ihrer Steuerungsmethoden.

Der Titel dieses Buches allein, ein Fanal des Fortschritts, muß zur damaligen Zeit als vermessene Kühnheit erschienen sein. Rückblickend spiegelt er eine dramatische, sich über ein volles Menschenleben erstreckende Entwicklungsperiode wieder, die von optimistischen Anfängen und idealistischen Plänen über unzählige technische Enttäuschungen und Rückschläge schließlich bis zur endgültigen Verwirklichung seines Zieles führte, Raketen zu den Planetenräumen zu entsenden. Die künstlichen Satelliten, die seit einiger Zeit unsere Erde und die Sonne umkreisen, haben vor der ganzen Welt die Richtigkeit der von Oberth in diesem Buche aufgestellten Theorien bewiesen, Seine hier niedergelegten Berechnungen und Entwürfe wurden zum Ausgangspunkt für die Entwicklung von Großraketen in Deutschland und haben damit eine nachhaltige Wirkung auf alle späteren Entwicklungsarbeiten auf diesem Gebiet auch in anderen Ländern ausgeübt.

Wir sind in dieser Zeit des organisierten technischen Fortschrittes gewohnt, wissenschaftliche und technologische Entwicklungen als das natürliche Resultat von Millionenbudgets und der eng verflochtenen Arbeit eines großen Stabes von Spezialisten zu betrachten. Und es ist auch völlig richtig, daß Vorhaben von der Größenordnung der Nutzbarmachung der Atomenergie oder der Erschließung des Weltraumes sich nicht ohne Geld und ohne ein Heer von Wissenschaftlern, Ingenieuren, Technikern und Fachhandwerkern verwirklichen lassen. Hermann Oberths *„Rakete zu den Planetenräumen"* sollte uns jedoch die alte Wahrheit in Erinnerung zurückrufen, daß große Erkenntnisse und geistige Neuerungen nicht finanziert oder organisiert werden können, sondern mit allen Schmerzen der Mutterschaft in den Hirnen genialer Alleingänger geboren werden. Dieses Buch ist die Tat eines solchen genialen, einsamen Menschens, der unabhängig von der Meinung und Anschauung seiner Zeitgenossen in wissenschaftliches Neuland vorstößt. Der geborgenen Atmosphäre des Organisationsmenschen entrückt, der seine Gedankengänge mit Fachkollegen zu diskutieren pflegt, bevor er sie öffentlich zu äußern wagt, nahm Oberth es auf sich, die zu erwartenden Angriffe des Unverständnisses mit der einzigen Waffe zu parieren, die ihm zur Verfügung stand: seiner unerschütterlichen Überzeugung von der Richtigkeit seiner Gedankengänge. Es dauerte mehrer Jahrzehnte, bis die auf seinen Grundgedanken aufbauende technische Entwicklung ihm die lange versagte Anerkennung brachte.

Die Erschließung des Weltenraumes durch von Menschenhand erbaute Geräte – und in naher Zukunft durch den Menschen selbst – ist ein Vorhaben, dessen Auswirkungen wir heute noch gar nicht voll ermessen können. Wir stehen immer noch in den allerersten Anfängen der Raumfahrtentwicklung. Unsere bisherigen Erfolge, die in den unbemannten künstlichen Erdsatelliten und künstlichen Planeten unseres Sonnensystems ihren sichtbaren Ausdruck gefunden haben, sind nicht mehr als ein erstes, zaghaftes Vorantasten in die unermeßlichen Weiten des uns umgebenden Weltenraumes. Sie haben uns jedoch bereits wertvollste Erkenntnisse über die Umweltbedingungen außerhalb der Erdatmosphäre geliefert und bieten Grundlage und Gewähr dafür, daß es uns gelingen wird, auch mit bemannten Raumfahrzeugen in den Weltenraum vorzudringen, den Mond zu besuchen und schließlich das Schwerefeld der Erde zu verlassen, um unsere Nachbarplaneten zu betreten.

Aus der Lektüre dieses Buches, das den Anstoß zu dieser phantastischen Entwicklung gegeben hat, schöpfen wir Raumfahrtenthusiasten weiterhin unsere Zuversicht für die erfolgreiche Lösung der vielen noch vor uns liegenden Aufgaben. So turmhoch diese Hindernisse uns bisweilen auch erscheinen mögen: wenn wir sie mit den Schwierigkeiten vergleichen, vor denen Hermann Oberth im Jahre 1923 stand, als er sein fundamentales Konzept ausarbeitete, so verlieren sie alsbald ihre Schrecken.

Es ist mein aufrichtiger Wunsch, daß die Neuauflage dieses Buches dazu beitragen möge, das Verständnis für die Pioniertaten Hermann Oberths und seine bahnbrechende Bedeutung für die Entwicklung der Raumfahrt zu vertiefen. Seiner einsamen Genialität, die ihn befähigte, alle wesentlichen Elemente eines gigantischen Konzeptes in Fokus zu bringen, verbunden mit seiner menschlichen Größe, die ihn in scheuer Zurückhaltung sowohl das „kreuzige ihn" wie das „Hosiannah" der öffentlichen Meinung mit Gleichmut ertragen ließ, gilt meine rückhaltlose Bewunderung. Ich selbst verdanke ihm nicht nur den Leitstern meines Lebens, sondern darüber hinaus meine erste Berührung mit den theoretischen und praktischen Seiten der Raketentechnik und Raumfahrt. Während seiner Tätigkeit in der Deutschen Raketenversuchsanstalt Peenemünde und im Redstone Arsenal, dem Raketenentwicklungszentrum der amerikanischen Armee, hat Hermann Oberth durch eine Vielzahl von technischen Anregungen die Entwicklung von Großraketen entscheidend beeinflußt. Die zahlreichen Ehrungen, die ihm seit Jahren im In- und Ausland zuteil wurden, bringen am besten zum Ausdruck, welches hohe Ansehen er in Fachkreisen genießt. Seinen richtungsweisenden Beiträgen auf dem Gebiet der Astronautik gebührt ein Ehrenplatz in der Geschichte der Wissenschaft und Technik.

24. Juni 1959

Vorspann für die Neuauflage des Buches „Die Rakete zu den Planetenräumen"

Zum 90. Geburtstag des „Vaters der Raumfahrt" erscheint im Urtext die fünfte Auflage seines Erstwerkes für die Raumfahrtforschung und Raumfahrttechnologie.

1923 veröffentlichte Professor Hermann Oberth auf eigene Kosten seine bahnbrechende Arbeit „Die Rakete zu den Planetenräumen".

Schon 1925 war das Buch vergriffen, die zweite Auflage mußte gedruckt werden; nach dem Krieg erschien die dritte und vierte Auflage, die ebenfalls schon seit Jahren vergriffen ist.

So ist es dankbar zu begrüßen, daß in diesem Jahr zum 90. Geburtstag von Professor Oberth sein Schwiegersohn J. O. Roth-Oberth im Urtext des Autors die fünfte Auflage vorlegt.

In seinem Werk „Die Rakete zu den Planetenräumen", welches auch den Unterzeichner in jungen Jahren fasziniert und stimuliert hat, legt Hermann Oberth wissenschaftlich präzis, mit exakter Beweisführung die Grundlagen für die heutige Raketen- und Raumfahrttechnik.

Für die Raumfahrtforschung, wie auch für die Raumfahrttechnologie hat er die physikalischen Möglichkeiten realisierbar gemacht. Alle für Raketen- und Raumflüge wichtigen Aspekte erarbeitete Hermann Oberth und hat sie in seinem Buch beschrieben, wie z. B.:

Raketenmotoren, flüssige Treibstoffe, Brennkammerkühlung, Pumpen- und Druckförderung, Wasserstoff-Raketen, Konstruktion von Treibstofftanks, Luft-und Strahlruder, Flugmechanik, Aerodynamik, Energiebedarf und Optimierung von Raumflugbahnen, Kreiselsteuerung, Bahnkontrolle, Beschleunigungsmesser, Integriersystem, thermische Effekte, Funkverbindung mit Raumflugkörpern, Schutz der Astronauten, Probleme der Gewichts- oder besser Andrucklosigkeit, Erwärmung beim Wiedereintauchen in die Atmosphäre, Gefahren durch Meteorite und Strahlungen, künstliche Erdsatelliten, wissenschaftliche Beobachtungen von Raumstationen aus, auch elektrische Raumantriebe werden diskutiert.

Diese Breite und zugleich Tiefe, mit der Hermann Oberth vor über sechzig Jahren das Gesamtbild der Raumfahrt entwarf, dürfte für den heutigen Leser das Eindrucksvollste an diesem Buch sein, das bei seinem Erscheinen 1923 für viele Menschen noch als vermessene Kühnheit gegolten hat.

„Die Rakete zu den Planetenräumen" war aber das Fanal für einen Fortschritt, den die Menschen von heute fast schon als Selbstverständlichkeit hinnehmen. Wer zusammen mit Hermann Oberth die Grundlagen der modernen Weltraumfahrt errechnen und mit ihren heutigen Ergebnissen erleben will, muß dieses Buch lesen.

(Dr. A.-Friedrich Staats)
Präsident der Hermann-Oberth-Gesellschaft e. V.
Gesellschaft zur Förderung der Erforschung und Erschließung des Weltraums
Präsident des Internationalen Förderkreises für Raumfahrt
Hermann Oberth – Wernher von Braun e. V.

Inhaltsverzeichnis.

Verzeichnis der wichtigsten Formelgrößen und Abkürzungen.

Hier bringe ich nur die durchgehenden Bezeichnungen. Buchstaben, die in anderem Sinne gebraucht wurden, haben nur örtliche Bedeutung. Die Zahlen geben die Seite an, wo die Bezeichnung zum ersten Male gebraucht und definiert wurde.

	Seite
A. R.: Alkoholrakete	24, 49 ff
a Andruck	33
b wirkliche Beschleunigung	9, 17
$b_0 = b$ in der ersten Sekunde des Antriebs.	
b_x ideale Beschleunigung; $b_x = b + g + \frac{L}{m}$	17, 18
β: diesen Buchstaben habe ich als Bezeichnung für den Luftdruck und auch als Bezeichnung für die Luftdichte gebraucht. Verwechslungen sind nicht möglich.	
β_0 Luftdruck in kg/m² zu Beginn des Antriebs der A. R.	15
β_1 Luftdruck zu Beginn des Antriebs der H. R.	57
c: im vierten Kapitel verwandte ich den Buchstaben c für die Ausströmungsgeschwindigkeit im allgemeinen und bezeichnete mit c_m die Strömungsgeschwindigkeit im Düsenhals, mit c_d die Auspuffgeschwindigkeit an der Mündung, mit c diejenige an irgendeiner anderen Stelle der Düse. In den übrigen Paragraphen interessiert uns nur c_d, wofür ich kurz c schrieb.	
γ Widerstandsziffer	11, 13
d Mündungsdurchmesser; d als Index, z. B. F_d, p_d, c_d: was sich auf die Mündung bezieht	24 ff
e Basis der natürlichen Logarithmen.	
F größter Querschnitt der Rakete. In § 4 bedeutet F auch: Querschnitt der Düse an der untersuchten Stelle.	
F_d Mündungsweite	24
F_m Düsenhals	24
G Gewicht der Rakete (als Kraft)	9, 11
g Fallbeschleunigung in der Höhe h oder s	15
g_0 Fallbeschleunigung auf der Erdoberfläche	15
H' wenn die Rakete von s bis $s + H'$ steigt, so nimmt β auf den e-ten Teil ab	15
H ist dadurch definiert, daß $\frac{1}{H} = \frac{1}{H'} - \frac{2}{r}$	15
h Abstand vom Erdmittelpunkt	30
H. R. Wasserstoffrakete	24, 57 ff
$\varkappa = \frac{\text{spez. Wärme bei konstantem Druck}}{\text{spez. Wärme bei konstantem Volumen}}$	25
L Kraft des Luftwiderstandes. In § 5: wenn $\bar{v}$ eingehalten wird	9, 11
L' Kraft des Luftwiderstandes, wenn die Geschwindigkeit geringer ist als $\bar{v}$	30
ln natürlicher Logarithmus.	
log gemeiner Logarithmus.	
m Masse der Rakete im allgemeinen	9, 17
m_0 Masse der gefüllten Rakete im allgemeinen	10, 17
m_1 Masse der leeren Rakete im allgemeinen	10, 17
m als Index: z. B. F_m, p_m, c_m, d_m, zum Düsenhals gehörig	24 ff
$\mathfrak{M}$ Masse der A. R.	
$\mathfrak{m}$ Masse der H. R.	
O Ofen; o als Index, z. B. T_0, p_0, d_0 zum Ofen gehörig	25 ff

Seite

P gesamter geforderter Rückstoß 9, 17
p Druck.
p_0 Druck im Ofen 25
p_d Druck an der Mündung 25
Q gesamte Kraft, die den Aufstieg hemmt 9
$R = P - Q$ 9
r Erdradius.
s Höhe bis zu welcher eine bestimmte Rakete aufsteigen müßte, damit eine geforderte Geschwindigkeit günstigste Geschwindigkeit wird. — Bei Untersuchungen über den Andruck heißt s: Bremsstrecke.
T Temperatur; (wenn nicht ausdrücklich etwas anderes bemerkt wird, wird T immer auf den absoluten Nullpunkt bezogen).
T_d absolute Mündungstemperatur 28, 29
T_0 absolute Ofentemperatur 28, 29
T_1 reduzierte Ofentemperatur 28, 29
t Zeit.
$ü$ innerer Überdruck 26
v Geschwindigkeit im allgemeinen.
v_g günstigste Geschwindigkeit im ganzen 11, 12
v_x ideale Geschwindigkeit 18
v_1, v_2 Geschwindigkeiten, bezogen auf ein Koordinatensystem, welches den Erdmittelpunkt als Ursprung und eine bleibende Richtung im Raum hat . . . . 29 ff.
$\bar{v}$ günstigste Geschwindigkeit für s und ds 11
$\bar{v}_0$: $\bar{v}$ zu Beginn des Antriebs.
$\bar{v}_1$: $\bar{v}$ am Ende des Antriebs. — In § 5 wird $\bar{v}_1$ auch für die Geschwindigkeit zur umgebenden Luft überhaupt gebraucht.
w Tangentialgeschwindigkeit einer Luftschicht infolge Wind und Erddrehung. 29
x als Index: den Antrieb im luft- und schwerefreien Raum betreffend, z. B. v_x, b_x 17, 18

$$y = \frac{v \cdot \frac{d\gamma}{dv} + 2\gamma}{v \cdot \frac{d\gamma}{dv} + \gamma}; \quad z = \frac{v \cdot \frac{d^2\gamma}{dv^2} + 2 \cdot \frac{d\gamma}{dv}}{v \cdot \frac{d\gamma}{dv} + \gamma}.$$

§ 1. Einleitung.

1. Beim heutigen Stande der Wissenschaft und der Technik ist der Bau von Maschinen möglich, die höher steigen können, als die Erdatmosphäre reicht.

2. Bei weiterer Vervollkommnung vermögen diese Maschinen derartige Geschwindigkeiten zu erreichen, daß sie — im Ätherraum sich selbst überlassen — nicht auf die Erdoberfläche zurückfallen müssen und sogar imstande sind, den Anziehungsbereich der Erde zu verlassen.

3. Derartige Maschinen können so gebaut werden, daß Menschen (wahrscheinlich ohne gesundheitlichen Nachteil) mit emporfahren können.

4. Unter gewissen wirtschaftlichen Bedingungen kann sich der Bau solcher Maschinen lohnen. Solche Bedingungen können in einigen Jahrzehnten eintreten.

In der vorliegenden Schrift möchte ich diese vier Behauptungen beweisen. Ich werde dabei zuerst einige Formeln ableiten, die uns rein theoretisch über die Arbeitsweise und Leistungsfähigkeit dieser Maschinen den nötigen Aufschluß geben, in einem zweiten Teil werde ich zeigen, daß ihr Bau technisch durchführbar ist, in einem dritten Teil endlich werde ich auf die Aussichten der Erfindung zu sprechen kommen.

Ich war bestrebt, mich kurz zu fassen. Die mathematischen Ableitungen und Formeln konnte ich oft wesentlich vereinfachen, indem ich für gewisse Größen Näherungswerte einsetzte, die mathematisch leicht zu behandeln waren. Dies Verfahren wandte ich besonders dann an, wenn dadurch bei einer Diskussion der Formeln das Wesen der Sache klarer zutage trat. (Übrigens habe ich daneben oft auch den richtigen Wert des Resultates angegeben oder wenigstens gezeigt, wie er durch indirekte Rechnung aus dem Näherungswert zu bestimmen ist, zuweilen habe ich auch einfach den Fehler abgeschätzt.) Technische Probleme, deren Lösbarkeit niemand bezweifelt, habe ich nur kurz gestreift. Im dritten Teil beschränkte ich mich auf Andeutungen, da die hier behandelten Themen gegenwärtig noch ziemlich fern liegen.

Ich wollte hier nicht mehr bringen, als zum Verständnis der Erfindung und zur Beurteilung der Durchführbarkeit notwendig schien, denn

erstens will ich hier überhaupt nicht ein bestimmtes Maschinenmodell in allen Einzelheiten beschreiben, sondern nur zeigen, daß Maschinen der genannten Art möglich sind. [Ich muß z. B. nicht genau ausrechnen, welche Höchstleistung eine bestimmte Rakete überhaupt zu erreichen vermag, wenn ich nur zeigen kann, daß sie jedenfalls den gestellten Anforderungen gewachsen ist. So setzte ich z. B. die Auspuffgeschwindigkeit c (vgl. S. 9) konstant, obwohl dieser Wert in einigen Fällen bis zu 9% schwanken kann, und diskutierte den Fall, daß die Rakete mit der Geschwindigkeit $\bar{v}$ (vgl. S. 11) fährt, obgleich hierbei der Brennstoff noch gar nicht am besten ausgenutzt wird u. a. m. Schätze ich nun die Leistungsfähigkeit der Rakete ab, indem ich $\bar{v}$ und den ungünstigsten Wert von c zugrunde lege, und finde, daß die Rakete unter dieser Voraussetzung imstande ist, eine geforderte Endgeschwindigkeit und Höhe zu erreichen, so habe ich auch bewiesen, daß sie diese in Wirklichkeit erst recht erreichen kann usw.] Ich glaube sogar, daß die ganze Sache klarer wird, wenn ich nicht zu sehr auf Einzelheiten eingehe.

Zweitens möchte ich auch deswegen manches für mich behalten (besonders anscheinend glückliche technische Lösungen), weil es sich nicht um geschütztes geistiges Eigentum handelt. Sollte einmal zur Ausführung meiner Ideen geschritten werden, so werde ich natürlich gerne genaue Pläne, Berechnungen und Berechnungsmethoden vorlegen.

Schließlich will ich auch nicht verschweigen, daß ich manche Einrichtung in ihrer jetzigen Form keineswegs als definitive Lösung betrachte. Ich mußte mir natürlich, als ich meine Pläne und Berechnungen ausarbeitete, jede Einzelheit überlegen; dabei konnte ich wenigstens feststellen, daß nirgends unüberwindliche technische Schwierigkeiten vorliegen. Gleichzeitig wurde mir aber auch klar, daß manche Einzelfragen nur nach gründlichstem Spezialstudium und vielleicht jahrelangem Experimentieren so gelöst werden können, daß die Lösung ein Optimum darstellt.

I. Teil.

Arbeitsweise und Leistungsfähigkeit.

Der Flug dieser Maschinen beruht auf dem Rückstoßprinzip, d. h. die Maschine wird dadurch gehoben und bewegt, daß sie wie eine Rakete unter entsprechendem Druck Gase ausstößt. Es seien mir daher zunächst einige Worte zur Theorie der Raketen gestattet.

Ein allseitig geschlossener Kessel, in welchem der Innendruck höher ist als der Druck, den der Kessel von außen erfährt, bleibt in Ruhe, denn der Gesamtdruck (das ist die Resultierende aller Druckkräfte auf irgendeinen Teil der Wandung) wird durch einen gleichen und entgegengesetzten Druck auf die gesamte übrige Wand aufgehoben. Fehlt dagegen ein Stück einer Wand (vgl. Fig. 1), so wird 1. der Inhalt des Kessels durch das Loch herausgetrieben, 2. sucht sich der Kessel nach der entgegengesetzten Seite zu bewegen, denn der Gesamtdruck auf die Seite der Wand mit dem Loch ist jetzt kleiner als der Druck auf die unversehrte Gegenseite. Dabei ist die Kraft, die den Kessel nach rückwärts treiben möchte (wir wollen sie den Rückstoß nennen und mit P bezeichnen), entgegengesetzt gleich der Kraft, die den Inhalt nach vorwärts treibt. Bezeichne ich die während des Zeitelementes dt ausströmende Masse mit dm und die Auspuffgeschwindigkeit mit c, so gilt:

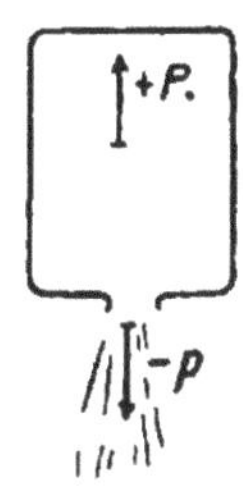

Fig. 1.

$$|P \cdot dt| = |c \cdot dm.|$$

Jede Flugmaschine nun, die vom Rückstoß ausströmender Gase getragen wird, will ich hier als Rakete bezeichnen.

Wir brauchen hier nur den Fall zu untersuchen, daß die Rakete senkrecht aufsteigt. Ihre Geschwindigkeit sei v, ihre Masse m; die Vektorgrößen sind senkrecht nach oben oder unten gerichtet; die nach aufwärts gerichteten (z. B.: P, v) wollen wir positiv, die abwärts gerichteten (z. B. c) negativ ansetzen.

Ein Teil des Rückstoßes P wird gegen Luftwiderstand ($-L$) und Schwere ($-G$) verbraucht, wir wollen diesen Teil Q nennen (natürlich müssen wir Q ebenso wie P positiv ansetzen). Der Rest R erteilt der Rakete eine bestimmte Beschleunigung $b = \frac{dv}{dt}$. Wir haben also:

$$P \cdot dt = -c \cdot dm \quad \ldots \ldots \ldots \ldots \quad (1)$$

Wir können auch schreiben $dm = -\frac{P \cdot dt}{c}$. Hier ist c eine absolute Zahl; P und dt sind positiv, hieraus folgt, daß $dm < 0$, d. h. daß die Masse mit der Zeit abnimmt. Weiter folgt hieraus, wenn c konstant ist: bei gegebenem c ist $m_0 - m_1 = \frac{1}{c} \cdot \int_{t_0}^{t_1} P \cdot dt$; d. h. der Brennstoffverlust ist der Bewegungsgröße $\int_{t_0}^{t_1} P \cdot dt$ proportional.

$$P = R + Q$$

$$R \cdot dt + Q \cdot dt = -c \cdot dm$$

$$R = m \cdot b = m \cdot \frac{dv}{dt}$$

$$m \cdot dv + Q \cdot dt + c \cdot dm = 0 \quad \text{(2)}$$

§ 2. Günstigste Geschwindigkeit.

Um für unsere weiteren Betrachtungen eine Basis zu gewinnen, überlegen wir uns folgendes:

Wir denken uns in der Höhe s eine Luftschicht von der Dichte β und der Dicke ds. ds soll so gering sein, daß β und m für die ganze Schicht als konstant gelten können. Durch diese Schicht soll die Rakete mit der beliebigen Geschwindigkeit v hindurchdringen, auch soll sich ihr Bewegungsmoment um einen vorgeschriebenen Betrag ($m \cdot dv$) vergrößern. Dabei erleidet sie jedenfalls einen Substanzverlust (dm). Bei welcher Geschwindigkeit wird nun dm ein Minimum?

Um hindurchzudringen, braucht die Rakete die Zeit $dt = \frac{ds}{v}$ und wir haben [nach (2)]:

$$m \cdot dv + \frac{Q}{v} \cdot ds + c\, dm = 0$$

$$m \frac{dv}{ds} + \frac{Q}{v} + c \cdot \frac{dm}{ds} = 0 \quad \text{(2a)}$$

$m \cdot dv$ und ds sind vorgeschrieben, also konstant, und wir erhalten durch Differentiation nach v:

$$\frac{\partial \left(\frac{Q}{v}\right)}{\partial v} + \frac{\partial c}{\partial v} \cdot \frac{dm}{ds} + c \cdot \frac{\partial \left(\frac{dm}{ds}\right)}{\partial v} = 0 \quad \text{(3)}$$

Bei meiner Rakete hat c einen Höchstwert, der durch technische Umstände bedingt ist. Er schwankt nur wenig und kann bei jedem Rückstoß P, der in Frage kommt, erreicht werden. Ich setze nun c konstant, damit wird das zweite Glied der Gleichung (3) gleich 0. Falls dm ein Minimum ist, wird auch

$$\frac{\partial \left(\frac{dm}{ds}\right)}{\partial v} = \frac{1}{ds} \cdot \frac{\partial (dm)}{\partial v} = 0$$

und wir haben:

$$\frac{\partial\left(\frac{Q}{v}\right)}{\partial v} = 0 \quad \ldots\ldots\ldots\ldots \quad (4)$$

Nun ist (vgl. S. 9)

$Q = L + G$

$G = m \cdot g$ (g: Fallbeschleunigung in der Höhe: s. $d s$ soll so gering sein, daß g für die ganze Schicht konstant wird).

Für den Luftwiderstand gilt:

$$L = F \cdot \beta \cdot \gamma \cdot v^2.$$

Dabei ist F der größte Querschnitt der Rakete. Der Faktor γ (die Widerstandsziffer) hängt von der Geschwindigkeit und der Form, bei derselben Rakete also nur von v ab.

$$\frac{Q}{v} = \frac{G}{v} + \frac{L}{v} = \frac{m \cdot g}{v} + F \cdot \beta \cdot \gamma \cdot v$$

$$\frac{\partial\left(\frac{Q}{v}\right)}{\partial v} = -\frac{m \cdot g}{v^2} + F \cdot \beta \cdot \left(v \cdot \frac{d\gamma}{dv} + \gamma\right).$$

Wenn dieser Ausdruck gleich 0 wird, so wird also nach (3) bei gleicher Leistung der Substanzverlust auf der Strecke ds ein Minimum. Wir bezeichnen die Geschwindigkeit, bei der dies eintritt, mit $\bar{v}$ und nennen sie „die günstigste Geschwindigkeit für s und ds“. Wir wollen im folgenden den Fall untersuchen, daß sich die Rakete mit dieser Geschwindigkeit bewegt, d. h. daß:

$$v^2 = \bar{v}^2 = \frac{m \cdot g}{F \cdot \beta \cdot \left(v \cdot \frac{d\gamma}{dv} + \gamma\right)} \quad \ldots\ldots\ldots \quad (5)$$

Anmerkung: $\bar{v}$ ist die günstigste Geschwindigkeit an der Stelle s, wenn es sich einfach darum handelt, an dieser Stelle möglichst gut abzuschneiden, $\bar{v}$ muß aber nicht notwendig die günstigste Geschwindigkeit sein, wenn wir den Aufstieg als Ganzes ins Auge fassen.

$\bar{v}_0$ sei der Wert für $\bar{v}$ zu Beginn des Aufstieges in der Höhe s_0. Die Rakete soll diesen Antrieb durch eine fremde Kraft erhalten. $\bar{v}$ soll so groß und der Substanzverlust so gering sein, daß der äußere Luftdruck β und damit L rascher abnimmt als das Gewicht der Rakete; dann wird $\bar{v}$ wachsen, sagen wir, bis die Rakete in der Höhe s die Geschwindigkeit $\bar{v}_1$ erreicht. Reichen die Brennstoffe gerade bis s_1 und $\bar{v}_1$, so kommt sie, wie sich durch indirekte Rechnung zeigen läßt, dann am höchsten, sagen wir, bis s_2, wenn sie bei s_1 mit $\bar{v}_1$ m/sec fährt. Erreicht sie $\bar{v}_1$ früher, so hält sie der größere Luftwiderstand unterhalb s_1 so auf, daß sie bei s_1 nicht einmal mehr die Geschwindigkeit $\bar{v}_1$ hat und folglich auch nicht bis s_2 kommt. Hat sie bei s_1 $\bar{v}_1$ noch nicht erreicht, so muß sie zu lange gegen ihr eigenes Gewicht ankämpfen und kommt ebenfalls nicht bis s_2.

Sind $\bar{v}_0$, s_1 und $\bar{v}_1$ gegeben, so ist die günstigste Geschwindigkeit zwischen $\bar{v}_0$ und $\bar{v}_1 : v_g$ dadurch definiert, daß (vgl. S. 5):

$$\int_{\bar{v}_0}^{\bar{v}_1} P \cdot dt\,(v_g) = \int_{\bar{v}_0}^{\bar{v}_1} R \cdot dt + \int_{\bar{v}_0}^{\bar{v}_1} Q \cdot dt = \int_{\bar{v}_0}^{\bar{v}_1} m \cdot dv_g + \int_{\bar{v}_0}^{\bar{v}_1} Q \cdot dt$$

ein Minimum werden soll.

Nun ist zwar $\int Q \cdot dt$ bei der Geschwindigkeit $\bar{v}$ ein Minimum, da dann ja alle $Q \cdot dt$ Minima werden [vgl. (3)]. Dagegen ist $\int m \cdot dv$ dann ein Minimum, wenn anfänglich die Beschleunigung Null ist und das Versäumte erst nachholt, wenn ein guter Teil der Brennstoffe gegen Schwere und Luftwiderstand verbraucht worden ist. Hierdurch wird bewirkt, daß v_g im unteren Teil des Weges gegen $\bar{v}$ zurückbleibt, den Unterschied sodann ziemlich konstant beibehält, um bei s_1 $\bar{v}$ plötzlich wieder zu erreichen. $\bar{v} - v_g$ läßt sich als Funktion von s durch indirekte Rechnung finden. Für den Fall $v_0 = 500$ m/sec, $c = 1400$ m/sec und atmosphärische Verhältnisse z. B. beträgt der Unterschied im Maximum 200 m/sec (für $\bar{v}_1 = 2000$ m/sec). Er wird um so kleiner, je größer c wird. Wächst v, so nimmt er relativ ab; absolut zu (für $\bar{v}_1 = 10000$ m/sec., z. B. wäre er beim obigen Beispiel 250 m/sec.). Der Gewinn an Antrieb beträgt hier 10,3 bzw. 12,5 m/sec.

Nun sind die Ungenauigkeiten, die in meine Rechnung kommen, bedeutend größer (hauptsächlich, weil ich c nicht genau genug angesetzt habe und derartig genau überhaupt nicht hätte angeben können). Eine weitere Abweichung von v_g wird durch die technischen Verhältnisse bedingt. Diese ist ebenfalls größer als $\bar{v} - v_g$, wenn sie uns auch im rein theoretischen Teil nicht interessiert.

Ich lege darum meinen Ableitungen zunächst den Fall zugrunde, daß die Geschwindigkeit allenthalben gleich $\bar{v}$ ist, denn dann werden die Formeln besonders einfach.

Aus (5) folgt:

$$m = \frac{F \cdot \beta}{g} \cdot \bar{v}^2 \cdot \left(\bar{v} \frac{d\gamma}{d\bar{v}} + \gamma\right) \quad \ldots\ldots\ldots \quad (5a)$$

und weil hier alle Veränderlichen Funktionen einer einzigen Unabhängigen sind:

$$dm = \frac{F \cdot \beta}{g} \cdot \bar{v}^2 \cdot \left(\bar{v} \frac{d\gamma}{d\bar{v}} + \gamma\right) \cdot \left[\frac{d\beta}{\beta} - \frac{dg}{g} + \frac{2\,d\bar{v}}{\bar{v}} + \frac{\bar{v} \cdot \frac{d^2\gamma}{d\bar{v}^2} + 2\frac{d\gamma}{d\bar{v}}}{\bar{v} \cdot \frac{d\gamma}{d\bar{v}} + \gamma} \cdot d\bar{v}\right] \quad \ldots \quad (5b)$$

In (5b) kommt der Ausdruck $\dfrac{\bar{v} \cdot \frac{d^2\gamma}{d\bar{v}^2} + 2 \cdot \frac{d\gamma}{d\bar{v}}}{\bar{v} \cdot \frac{d\gamma}{d\bar{v}} + \gamma}$ vor, ich nenne ihn kurz: z.

$$Q = L + m \cdot g = F \cdot \beta \cdot \gamma \cdot \bar{v}^2 + F \cdot \beta \cdot \bar{v}^2 \cdot \left(\bar{v} \frac{d\gamma}{d\bar{v}} + \gamma\right)$$

$$Q = F \cdot \beta \cdot \bar{v}^2 \cdot \left(\bar{v} \frac{d\gamma}{d\bar{v}} + 2\gamma\right) \quad \ldots\ldots\ldots \quad (5c)$$

$$\frac{Q}{m \cdot g} = \frac{\bar{v} \cdot \frac{d\gamma}{d\bar{v}} + 2\gamma}{\bar{v} \cdot \frac{d\gamma}{d\bar{v}} + \gamma} \quad \ldots\ldots\ldots \quad (5d)$$

Ich bezeichne diesen Ausdruck mit y.

§ 3. Beziehungen zwischen Zeit, Masse, Kraft, Weg, Luftdruck und günstigster Geschwindigkeit.

Wenn wir (2a) mit $\frac{d\,s}{m \cdot c}$ multiplizieren, so erhalten wir:

$$\frac{d\bar{v}}{c} + \frac{Q \cdot d\,t}{m \cdot c} + \frac{d\,m}{m} = 0 \quad . \quad . \quad . \quad . \quad . \quad . \quad . \quad . \qquad (6)$$

Nach (5a) und (5b) ist:

$$\frac{d\,m}{m} = \frac{d\,\beta}{\beta} - \frac{d\,g}{g} + \frac{2 \cdot d\,\bar{v}}{\bar{v}} + z \cdot d\,\bar{v}.$$

Nach (5d) ist:

$$\frac{Q}{m \cdot g} = y; \quad \frac{Q}{m \cdot c} \cdot d\,t = \frac{g}{c} \cdot y \cdot d\,t$$

und (6) schreibt sich:

$$\frac{d\bar{v}}{c} + \frac{g}{c} \cdot y \cdot d\,t + \frac{d\,\beta}{\beta} - \frac{d\,g}{g} + \frac{2 \cdot d\,\bar{v}}{\bar{v}} + z \cdot d\,\bar{v} = 0 \quad . \quad . \qquad (6a)$$

Hier können wir nun alle Glieder durch $\bar{v}$ und t ausdrücken.

Nach der Definition (S. 11) ist $\gamma = \frac{L}{\bar{v}^2 \cdot \beta \cdot F}$.

Die Form der Rakete, besonders der Spitze, ist der des deutschen S-Geschosses ähnlich, für dieses hat γ (nach Crantz und Becker) die folgende Kurve:

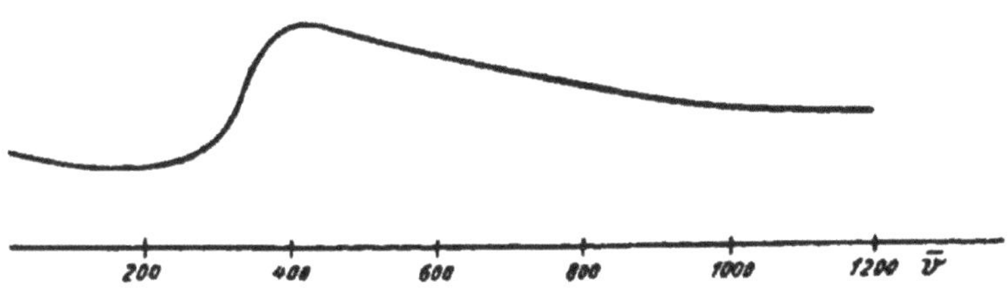

Fig. 2.

Die absolute Größe von γ interessiert uns nicht. γ ist bis 300 m/sec ungefähr konstant, steigt bei Erreichung der Schallgeschwindigkeit rasch an, erreicht bei 425 m/sec ein Maximum (ca. das 2,6fache des Wertes für Unterschallgeschwindigkeiten) und nähert sich sodann asymptotisch einem Wert, der etwa 1½mal so groß ist wie der Wert für Unterschallgeschwindigkeiten. — Ähnliche Kurven erhalten Rothe, Krupp, O. v. Eberhardt u. a. für Artilleriegeschosse, Siacci als Mittel für verschiedene Geschosse. Andere Autoren kommen auf Grund theoretischer Überlegungen zu dieser Kurve.

Welchen Grund hat nun erst der Anstieg und dann der Abfall von γ?

Die Erklärung für den Anstieg zwischen 300 und 400 m/sec ist einfach. Bewegt sich das Geschoß langsamer als der Schall, so kann sich die Luftverdichtung vor der Spitze ausgleichen:

1. indem die Luft nach der Seite abströmt,
2. indem vermöge der Elastizität der Luft nach vorne zu ein Ausgleich stattfindet.

Ist v größer als die Schallgeschwindigkeit, so ist nur noch ein Abströmen nach der Seite möglich; dabei wächst natürlich die Luftverdichtung vor dem Geschoß. Die Wirkung der Luftverdichtung, der Druck, ist sowohl bei den Unterschallgeschwindigkeiten einerseits, als auch bei den Überschallgeschwindigkeiten anderseits, proportional dem Quadrat der Geschwindigkeit.

Hinter dem Geschoß entsteht ein luftverdünnter Raum; dessen Wirkung (der Sog) wächst anfänglich auch proportional dem Quadrate der Geschwindigkeit, erreicht aber bei der Schallgeschwindigkeit[1]) eine Grenze, denn weiter als bis zum absoluten Vakuum kann die Luft hinter dem Geschoß nicht verdünnt werden, und schneller als mit Schallgeschwindigkeit kann sie hinter dem Geschoß nicht zusammenschlagen. Bei hohen Geschwindigkeiten tritt also der Sog als Konstante immer mehr hinter dem Druck zurück, infolgedessen nähert sich der Ausdruck:

$$\gamma = \frac{\text{Druck} + \text{Sog}}{F \cdot \beta \cdot v^2}$$

asymptotisch dem Wert:

$$\frac{\text{Druck}}{F \cdot \beta \cdot v^2}.$$

Bei der brennenden Rakete nun fällt der Sog überhaupt fort, soweit als der Raum hinter der Rakete durch die Auspuffgase ausgefüllt wird. γ verläuft also ähnlich wie in Fig. 3 die Kurve angibt.

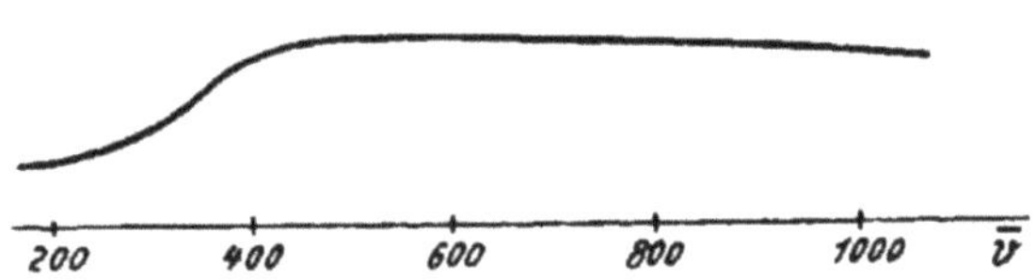

Fig. 3.

Fig. 3a gibt y (punktiert) und z (durchgezogen) für die Alkoholrakete meines Modells B wieder.

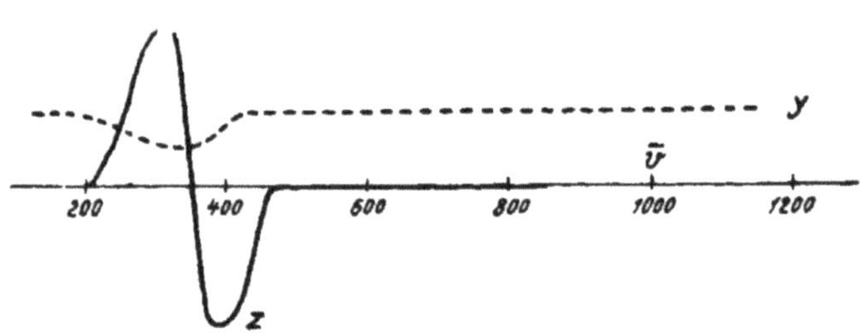

Fig. 3a.

[1]) Genauer etwas oberhalb derselben, etwa bei 400—450 m/sec. Die Luft neben dem Geschoß erhält nämlich einen gewissen Antrieb nach vorne, in bezug auf diese bewegte Luft scheint aber v kleiner. Daher auch der stetige und differenzierbare, nicht sprunghafte Übergang.

Die Erdanziehung g ist umgekehrt proportional dem Quadrate des Abstandes vom Erdmittelpunkt; es sei:

r der Erdradius; s die Höhe; dann ist:

$$g = 9{,}81 \frac{r^2}{(r+s)^2} \text{ m/sec}^2,$$

$$dg = -9{,}81 \cdot \frac{2 \cdot r^2 \cdot ds}{(r+s)^3}$$

$$-\frac{dg}{g} = \frac{2 \cdot ds}{r+s} \approx \frac{2 \cdot \bar{v} \cdot dt}{r}.$$

Im zweiten Glied der Formel (5 a): $\frac{g}{c} \cdot y \cdot dt$ wollen wir g in erster Annäherung einen konstanten Mittelwert geben (für $s_0 = 5000$ m; $s_1 = 50$ km z. B. am besten 9,7 m/sec²).

Die Luftdichte β ist (nachdem die atmosphärischen Verhältnisse, wie Temperatur, Wetter u. dgl. gegeben sind) lediglich eine Funktion der Höhe s; $(s = \int \bar{v} \cdot dt)$.

Für die oberen Luftschichten kennen wir β nicht genau und brauchen es auch gar nicht genau zu kennen, wie ich später zeigen werde. Für die unteren Luftschichten läßt sich β aus den barometrischen Höhenformeln, wie sie die Lehrbücher der Meteorologie bringen, ziemlich genau berechnen. Es zeigt sich aber, daß wir auf unlösbare Integralgleichungen kämen, wenn wir diese Formeln direkt einsetzen wollten. Wir müssen daher unsere Zuflucht zur indirekten Rechnung nehmen. Wir setzen $\beta = \beta_0 \cdot e^{-\frac{s - s_0}{H'}}$; e sei die Basis der natürlichen Logarithmen, H' sei eine Konstante. Dabei werden wir in erster Annäherung eine Formel bekommen, in der s durch $\bar{v}$ allein ausgedrückt ist. Mit diesem s könnten wir dann β und die übrigen Größen genauer bestimmen, hiermit wieder s usf.

Wir setzen also:

$$\beta = \beta_0 \cdot e^{-\frac{s - s_0}{H'}}$$

$$\frac{d\beta}{ds} = \beta_0 \cdot e^{-\frac{s - s_0}{H'}} \cdot \left(-\frac{1}{H'}\right)$$

$$\frac{d\beta}{\beta} = -\frac{ds}{H'} = -\frac{\bar{v} \cdot dt}{H'}.$$

Formel (6a) schreibt sich nunmehr:

$$\frac{d\bar{v}}{c} + \frac{y \cdot (9{,}7 \text{ m/sec}^2)}{c} \cdot dt - \frac{\bar{v}}{H'} \cdot dt + \frac{2\bar{v}}{r} \cdot dt + \frac{2}{\bar{v}} \cdot d\bar{v} + z \cdot d\bar{v} = 0$$

$\frac{\bar{v}}{H'} - \frac{2\bar{v}}{r}$ fassen wir in der Form: $\frac{\bar{v}}{H}$ zusammen.

Dann erhalten wir:

$$\frac{dt}{d\bar{v}} = \frac{\frac{1}{c} + \frac{2}{v} + z}{\frac{\bar{v}}{H} - \frac{g}{c} \cdot y} \quad \ldots\ldots\ldots\ldots (7)$$

Bei Geschwindigkeiten unter 330 m/sec können wir für y und z irgendwelche Interpolationskurven einsetzen. Bei $330 < \bar{v} < 460$ m/sec versagt dies Verfahren. Wir können in diesem Abschnitt t überhaupt nicht durch $\bar{v}$ ausdrücken, denn $\bar{v}$ ist hier gar nicht definiert. Da γ für Unterschallgeschwindigkeiten so viel geringer ist, als für Überschallgeschwindigkeiten, wächst $\bar{v}$ zwischen 300 und 330 m/sec nur sehr langsam, um sodann plötzlich auf 460 m/sec zu springen. Auf diese Weise wird (natürlich nur theoretisch) der geringere Luftwiderstand am meisten ausgenutzt. $\bar{v}$ ist eben weiter nichts als das mathematische Optimum zwischen Luftwiderstand und Schwere. Da wir nun aber einer Rakete nicht eine unendliche Beschleunigung erteilen können, können Raketen, bei denen das Verhältnis zwischen Gewicht und Luftwiderstand in diese Grenzen fällt, die Geschwindigkeit $\bar{v}$ nicht einhalten. Wir können hier also $\bar{v}$ auch nicht zum Ausgangspunkt unserer Berechnungen nehmen. Übrigens muß bei dem Apparat, den ich im folgenden beschreiben werde, $\bar{v}$ mindestens gleich 500 m/sec sein, und so interessiert dies Verhalten von $\bar{v}$ uns weiter nicht. Oberhalb 460 m/sec wird $\bar{v}$ wieder stetig.

Für $\bar{v} > 460$ m/sec wird γ (nahezu) konstant, und wir haben daher:

$$y = 2;\ z = 0;\ L = G.$$

$$\frac{dt}{dv} = \frac{\frac{1}{c} + \frac{2}{\bar{v}}}{\frac{\bar{v}}{H} - \frac{2 \cdot g}{c}} = \frac{H}{c} \cdot \frac{\bar{v} + 2c}{\bar{v} \cdot \left(\bar{v} - \frac{2gH}{c}\right)} \quad \ldots\ldots (7a)$$

durch Integration:

$$(t - t_0) = \left(\frac{c}{g} + \frac{H}{c}\right) \cdot \ln \frac{\bar{v} - \frac{2gH}{c}}{\bar{v}_0 - \frac{2gH}{c}} - \frac{c}{g} \cdot \ln \frac{\bar{v}}{\bar{v}_0} \quad \ldots (7b)$$

Anmerkung: Beim Rechnen mit dem Rechenschieber bilde man:

$$\frac{2 \cdot g \cdot H}{c};\ \log \frac{\bar{v} - \frac{2gH}{c}}{\bar{v}_0 - \frac{2gH}{c}};\ \log \frac{\bar{v} - \frac{2gH}{c}}{\bar{v}_0 - \frac{2gH}{c}} \cdot \frac{\bar{v}_0}{\bar{v}}$$

es ist:

$$t - t_0 = 2{,}3026 \cdot \left[\frac{c}{g} \cdot \log_{10} \frac{\bar{v} - \frac{2gH}{c}}{\bar{v}_0 - \frac{2gH}{c}} \cdot \frac{\bar{v}_0}{\bar{v}} + \frac{H}{c} \cdot \log \frac{\bar{v} - \frac{2gH}{c}}{\bar{v}_0 - \frac{2gH}{c}}\right].$$

Die Beschleunigung b ist gleich dem Differentialquotienten der Geschwindigkeit nach der Zeit:

$$b = \frac{d\bar{v}}{dt} = \frac{c}{H} \cdot \frac{\bar{v} \cdot \left(\bar{v} - \frac{2gH}{c}\right)}{\bar{v} + 2c} = \frac{\bar{v} \cdot (\bar{v}c - 2gH)}{H \cdot (\bar{v} + 2c)} \qquad (7c)$$

(Dies gilt natürlich auch nur, wenn die Geschwindigkeit überall gleich $\bar{v}$ war, und wenn allenthalben $\bar{v} > 460$ m/sec war.)

Masse der Rakete: Wenn wir in (6) für das Glied $\frac{Q \cdot dt}{m \cdot c}$ seinen Wert $\frac{y \cdot g}{c} \cdot dt$ einsetzen, und wenn allenthalben $\bar{v} > 460$ m/sec, d. h. $y = 2$, erhalten wir:

$$\frac{d\bar{v}}{c} + 2 \cdot \frac{g}{c} \cdot dt + \frac{dm}{m} = 0 \quad \ldots\ldots\ldots \quad (8)$$

durch Integration

$$\ln \frac{m_0}{m} = \frac{1}{c} \cdot [\bar{v} - \bar{v}_0 + 2g(t - t_0)] \quad \ldots\ldots \quad (8a)$$

Anmerkung: $\frac{m_0}{m_1}$ erreicht aus technischen Gründen bald eine Grenze und damit $\bar{v} - v_0$. Stelle ich aber mehrere Raketen übereinander, so daß stets die unterste arbeitet und abgestoßen wird, sobald ihre Brennstoffe erschöpft sind, so addieren sich die Geschwindigkeitsgrenzen. Sie ergeben sich der Reihe nach, wenn M, m μ .. die Massen der einzelnen Raketen sind, aus:

$$\ln \frac{M_0 + m_0 + \mu_0 + \ldots}{M_1 + m_0 + \mu_0 + \ldots}; \; \ln \frac{m_0 + \mu_0 + \ldots}{m_1 + \mu_0 + \ldots}; \; \ln \frac{\mu_0 + \ldots}{\mu_1 + \ldots}; \; \ldots$$

und der ganze Geschwindigkeitszuwachs ergibt sich, wenn wir in (8a) statt

$$\frac{m_0}{m_1} : \frac{M_0 + m_0 + \mu_0 + \ldots}{M_1 + m_0 + \mu_0 + \ldots} \cdot \frac{m_0 + \mu_0 + \ldots}{m_1 + \mu_0 + \ldots} \cdot \frac{\mu_0 + \ldots}{\mu_1 + \ldots} \ldots$$

einsetzen. Dieser Wert kann natürlich beliebig groß werden. Bei meinem Apparat stehen zwei Raketen übereinander.

Technisch bedeutungsvoll ist der geforderte Rückstoß P. Wir hatten:

$$P \cdot dt = -c \cdot dm \quad \ldots\ldots\ldots\ldots \quad (1)$$

und:

$$dm = -m \cdot \left(\frac{d\bar{v}}{c} + \frac{y \cdot g}{c} \cdot dt\right), \quad \ldots\ldots \quad (8)$$

also

$$P \cdot dt = m \cdot (d\bar{v} + y \cdot g \cdot dt),$$

$$P = m\left(\frac{d\bar{v}}{dt} + y \cdot g\right) = m \cdot b + y \cdot m \cdot g.$$

Für $v > 460$ m/sec:

$$P = m \cdot (b + 2g) \quad \ldots\ldots\ldots\ldots \quad (9)$$

Anmerkung. Der Ausdruck $(b + 2g)$ entspricht der Beschleunigung, die die Rakete im luft- und schwerefreien Raum erhalten würde. Ich will sie die

»ideale Beschleunigung« nennen und mit b_x bezeichnen. Sie läßt sich durch $\bar{v}$ ausdrücken:

$$b_x = \frac{\bar{v}}{H} \cdot \frac{\bar{v} c - 2 g H}{\bar{v} + 2 c} + 2 g = \frac{c}{H} \cdot \frac{\bar{v}^2 + 4 g H}{\bar{v} + 2 c}.$$

$\int b_x \cdot dt = v_x$ nenne ich den »idealen Antrieb«. Zwischen dem idealen Antrieb und der Masse besteht die einfache Beziehung:

$$c \cdot d m + m \cdot d v_x = 0$$

$$\ln \frac{m_0}{m_1} = \frac{v_x}{c} \quad \ldots\ldots\ldots\ldots\ldots \quad (19)$$

Bei der Berechnung interessiert uns oft nicht so sehr die Masse, denn $\bar{v}$ hängt ja nicht eigentlich von der Masse, sondern von der Form und der Querschnittsbelastung ab, daher ist die Größe P/m_0 für die allgemeine Erörterung besser zu brauchen.

$$\frac{P}{m_0} = \frac{m}{m_0} \cdot (b + 2 g).$$

Die rechte Seite hängt hier lediglich von $\bar{v}$ und $\bar{v}_0$ ab und stimmt daher für jedes m.

Höhe: $d s = \bar{v} \cdot d t$

$$d s = \frac{H}{c} \cdot \frac{\bar{v} + 2 c}{\bar{v} - \frac{2 g H}{c}} \cdot d \bar{v} \quad \ldots\ldots\ldots \quad (10)$$

(für $\bar{v} > 460$ m/sec). Durch Integration:

$$(s - s_0) = \frac{H}{c} \cdot (\bar{v} - \bar{v}_0) + 2 \cdot H \cdot \left(1 + g \cdot \frac{H}{c^2}\right) \cdot \ln \frac{\bar{v} - \frac{2 g H}{c}}{\bar{v}_0 - \frac{2 g H}{c}} \quad (10a)$$

Dies sind die wichtigsten Formeln der ersten Annäherung. Es wird nun interessant sein, wenigstens hinsichtlich m und $\bar{v}$ die Fehlergrenze abzuschätzen.

Der auffälligste Fehler war der, daß ich in der Formel: $\beta = \beta_0 e^{-\frac{s - s_0}{H'}}$ H' konstant setzte. Die wirkliche Luftdichte könnte sich von diesem Wert um das Doppelte bis Dreifache unterscheiden.

Ich will nun zuerst an einem etwas schematisierten Beispiel die Wirkung dieses Fehlers bei hohen Endgeschwindigkeiten untersuchen. Es sei verlangt

$$\bar{v}_1 = 11\,000 \text{ m/sec}.$$

Dabei wird $s_1 - s_0$ groß und $\beta_1 = \beta_0 c^{-\frac{s_1 - s_0}{H}}$ wird ganz besonders unrichtig.

Ich setze nun $H \sim H' = 6300$ m. Das ist viel zu wenig, und wenn β_0 richtig war, so wird β_1 sicher grundfalsch. Im Augenblick t_0, in welchem unsere Betrachtung beginnt, soll die Rakete die günstigste Geschwindigkeit $\bar{v}$ bereits erreicht haben und die Veränderlichen sollen so zusammenwirken, daß $\bar{v}_0 = 500$ m/sec. Dann ist nach (10a):

$$s_1 - s_0 = H \cdot \left[\frac{\bar{v}_1 - \bar{v}_0}{c} + \left(2 + 2\,g\,\frac{H}{c^2}\right) \cdot \ln \frac{\bar{v}_1 - \frac{2\,g\,H}{c}}{\bar{v}_0 - \frac{2\,g\,H}{c}} \right].$$

Wir setzen weiter: $g = 9{,}70$ m/sec², $c = 3000$ m/sec.

$$\frac{2 \cdot g \cdot H}{c} = \frac{2 \cdot 9{,}70 \cdot 6300}{3000} = 19{,}4 \cdot 2{,}1 = 40{,}740 \text{ m/sec.}$$

$$\frac{2\,g \cdot H}{c^2} = \frac{40{,}740}{3000} = 0{,}01358$$

$$\log \frac{\bar{v}_1 - \frac{2\,g\,H}{c}}{\bar{v}_0 - \frac{2\,g\,H}{c}} = \log \frac{10959{,}260}{459{,}260} = 1{,}377721.$$

$$\ln'' = 2{,}3026 \cdot \log'' = 3{,}17233$$

$$\left(2 + \frac{2\,g\,H}{c^2}\right) \cdot \ln \frac{\bar{v}_1 - \frac{2\,g\,H}{c}}{\bar{v}_0 - \frac{2\,g\,H}{c}} = 2{,}01358 \cdot 3{,}17233 = 6{,}37882$$

$$\frac{\bar{v}_1 - \bar{v}_0}{c} = \frac{10500}{3000} = 3{,}5000$$

$$\frac{s_1 - s_0}{H} = 3{,}5000 + 6{,}37822 = 9{,}87822$$

$$s_1 - s_0 = H \cdot '' = 6300 \cdot 9{,}87822 = \mathbf{62232{,}8\,m.}$$

Brennstoffverbrauch:

$$\log \frac{m_0}{m_1} = [(\bar{v}_1 - \bar{v}_0) \cdot 0{,}4343 + 2\,g \cdot (t_1 - t_0) \cdot 0{,}4343]\,\frac{1}{c}$$

(wenn man nämlich (8a) mit dem Modul der gemeinen Logarithmen multipliziert).

$$(t_1 - t_0) \cdot 0{,}4343 = \frac{c}{g} \cdot \log \frac{\bar{v}_1 - \frac{2\,g\,H}{c}}{\bar{v}_0 - \frac{2\,g\,H}{c}} \cdot \frac{\bar{v}_0}{\bar{v}_1} + \frac{H}{c} \cdot \log \frac{\bar{v}_1 - \frac{2\,g\,H}{c}}{\bar{v}_0 - \frac{2\,g\,H}{c}}$$

(: folgt aus der Anmerkung zu (7b):)

$$c/g = 309{,}28 \text{ sec}$$

$$\log \frac{\bar{v}_1 - \frac{2\,g\,H}{c}}{\bar{v}_0 - \frac{2\,g\,H}{c}} \cdot \frac{\bar{v}_0}{\bar{v}_1} = 1{,}37772 + 2{,}69897 - 4{,}04139 = 0{,}03530$$

$$(t_1 - t_0) \cdot 0{,}4343 = 309{,}28 \cdot 0{,}03530 + 2{,}1 \cdot 137772 =$$
$$= 10{,}918 + 2{,}893 = \mathbf{13{,}811\ sec.}$$
$$2\,g \cdot {}'' \cdot = 13{,}811 \cdot 19{,}4 = 267{,}93 \text{ m/sec.}$$
$$(\bar{v}_1 - \bar{v}_0) \cdot 0{,}4343 = 10{,}500 \cdot 0{,}4343 = 4560{,}15$$
$$\log \frac{m_0}{m_1} = (4560{,}15 + 267{,}93) : 3000 = 4828{,}08/3000 = \mathbf{1{,}60936}$$
$$\frac{m_0}{m_1} = \mathbf{40{,}678.}$$

In der Höhe $s_1 - s_0 = 62233$ m. wäre nach unserem Ansatz:

$$\frac{\beta_0}{\beta_1} = e^{\frac{s_1 - s_0}{H}} = e^{9.87882} = 10^{4.2907} = \mathbf{19530.}$$

Nun ist aber wie gesagt $\beta_1 > \frac{\beta_0}{19530}$, da $H > 6300$ m. Wäre z. B. $s_0 = 5000$ m und $s_1 = 67233$ m, so wäre β_1 in Wirklichkeit 4- bis 6mal so groß. Hätte ich nun aber die Geschwindigkeit der Rakete so geregelt, daß auf alle Fälle $\bar{v}$ eingehalten wird (etwa durch eine Vorrichtung, die den Auspuff herabsetzt, wenn $L > G$, und umgekehrt (vgl. hierzu § 9, 8)[1]), so wäre einfach $\bar{v}_1$ erst in größerer Höhe und etwas später erreicht worden. Der Apparat hätte länger gegen Luft und Schwere ankämpfen müssen und mehr Brennstoff verbraucht.

Ich will nun einmal annehmen, β sei für 67233 m Höhe nicht nur 4- bis 6mal, sondern 60mal so groß, als ich vorhin ausgerechnet habe, es sei also:

$$e^{\frac{62233}{H}} = 10^{4{,}2907 - \log 60} = 10^{2{,}5125}$$

dann ist:

$$\frac{62233}{H} = 2{,}5125 \cdot \log e \text{ (I)}$$
$$\frac{62233}{6300} = 4{,}2907 \cdot \log e \text{ (II) und durch Division } \frac{\text{(II)}}{\text{(I)}}:$$
$$H = 6300 \cdot \frac{4{,}2907}{2{,}5125} = 10758{,}8 \text{ m}$$
$$\frac{H}{c} = 3{,}5863 \text{ sec.}$$
$$\frac{2\,g\,H}{c} = 19{,}4 \cdot 3{,}5863 = 69{,}574 \text{ m/sec}$$
$$\log \frac{\bar{v}_1 - \frac{2\,g\,H}{c}}{\bar{v}_0 - \frac{2\,g\,H}{c}} = \log 10930{,}426 - \log 430{,}426 =$$
$$= 4{,}03864 - 2{,}63390 = 1{,}40473$$

[1]) Ich habe in dieser Schrift öfter auf nachfolgende Stellen verwiesen. Die betreffenden Stellen ergänzen die vorhergemachten Bemerkungen, sind aber zu ihrem Verständnis selbst nicht notwendig.

$$\log\left(''\cdot\frac{\bar{v}_0}{\bar{v}_1}\right) = 1{,}40473 + 2{,}69897 - 4{,}04139 = 0{,}06231$$

$$(t_1 - t_0)\cdot 0{,}4343 = 309{,}28\cdot 0{,}06231 + 3{,}5863\cdot 1{,}40473 = 24{,}309$$

$$2\,g\cdot '' = 471{,}59$$

$$\log\frac{m_0}{m_1} = (4560{,}15 + 471{,}59) : 3000 = = 1{,}67724 \text{ (für } H \text{ 10758,8 m)}$$

$$\frac{m_0}{m_1} = \mathbf{47{,}560.}$$

Nun ist aber (selbst wenn wir dem auf S. 60 Gesagten Rechnung tragen wollen) sicher während der ganzen Dauer des Antriebs $6300 \text{ m} < H < 10759 \text{ m}$, also ist sicher: $40{,}678 < \frac{m_0}{m_1} < 47{,}560$. Wenn ich also schreibe:

$$\frac{m_0}{m_1} = 44$$

so weicht dieser Wert keinesfalls mehr als 7,5% von der Wahrheit ab, wenn nur alles übrige stimmt.

$$\frac{\ln\frac{m_0}{m_1}\text{ (für } H = 10759)}{\ln\frac{m_0}{m_1}\text{ (für } H = 6300)} = \frac{1{,}67724}{1{,}60936} = \mathbf{1{,}0404.}$$

Nun ist nach (8a) $\ln\frac{m_0}{m_1}$ ungefähr $1/c$ proportional. Dieselbe Unsicherheit hätte ich also auch bekommen, wenn c auf 2,02% unbestimmt wäre. Nun ist aber c auf $\pm$ 7 bis 8% unbestimmt und schwankt außerdem meist um mehr als 4% (vgl. S. 26). Also genügt heute dieser Ansatz für β vollauf. $\bar{v}_1 - \bar{v}_0$ ist bei hohen Geschwindigkeiten ebenfalls $1/c$ proportional. Wir werden also nach dem bisher Gesagten unsere wichtigste Aufgabe, nämlich $\bar{v}$ aus $\frac{m_0}{m_1}$ zu berechnen, bei hohen Geschwindigkeiten auf ± 7 bis 8% sicher lösen können, denn die übrigen Formelgrößen beeinflussen die Beziehung zwischen m und $\bar{v}$ nur wenig.

Die Widerstandsziffer γ ist aus Messungen von Geschoßgeschwindigkeiten bis $\bar{v} = 1000$ m/sec leidlich genau zu ermitteln. Daß sie von da weiter konstant sei, ist eigentlich nur eine Hypothese, die aber sowohl durch die Theorie als auch durch die Messung des Widerstandes bewegter Körper im Wasser so gut wie bewiesen ist. Aber selbst wenn γ für hohe Geschwindigkeiten von diesem Wert um das Zwei- bis Dreifache abweichen würde, würde dies an der Leistungsfähigkeit nichts ändern. Wir ließen ja oben den Luftwiderstand um das 60fache schwanken, ohne daß das Resultat merklich ungenau wurde.

Noch geringer ist der Fehler, den wir begingen, als wir g einen konstanten Mittelwert gaben.

Der tiefere Grund, warum das Resultat so wenig geändert wird, wenn wir für die oberen Luftschichten β, γ, g falsch einschätzen, liegt darin, daß dt von der Größenordnung $d\bar{v}/\bar{v}$ ist [vgl. (7a)], bei wachsendem $\bar{v}$ tritt $d\bar{v}$ gegen dt immer mehr in den Vordergrund. In der Differentialgleichung (6), die die Leistungsfähigkeit beherrscht, verliert der Zuwachs $\frac{Q \cdot dt}{m \cdot c} = \gamma \cdot \frac{g}{c} \cdot dt \approx \frac{2 \cdot g \cdot dt}{c}$ neben $\frac{d\bar{v}}{c}$ um so mehr an Bedeutung, je größer $\bar{v}$ wird. β, γ und g stecken aber alle drei in Q drinnen und kommen in (6) nur in diesem Glied vor.

Bei geringen Geschwindigkeiten würden wir demzufolge weit größere Fehler bekommen, wenn wir hier Q ebenso falsch ansetzen wollten. Doch fällt hier ein Umstand (wenigstens bei meinen Apparaten) sehr ins Gewicht. Da nämlich $\bar{v}_0$ bereits 500 m/sec beträgt, so wird bei kleinem $\bar{v}_1 - \bar{v}_0$ auch $s_1 - s_0$ klein. Auf dieser kleinen Strecke weichen dann auch H und g viel weniger vom Mittelwert ab, können also viel besser durch Konstanten ersetzt werden, wodurch das Resultat (wenn c exakt bekannt wäre!) noch genauer würde.

Wir können für die Anwendung der Formeln aus all diesem den Grundsatz ableiten, für H, g, γ, auch wenn $\bar{v}$ groß werden soll (weiter für β usw.), diejenigen Werte einzusetzen, die sie in den tieferen Luftschichten haben. Kurz gesagt: Q muß anfangs stimmen.

Unsere wichtigste Aufgabe ist die Berechnung der Leistungsfähigkeit, d. h. wir wollen aus m_0 und m_1, $\bar{v}_0$ und c $\bar{v}_1$ berechnen. Nun ist bei hohen Geschwindigkeiten $\bar{v}_1 - \bar{v}_0$ $1/c$ ungefähr proportional. Da nun c heute auf $\pm$ 7 bis 8% unbestimmt bleibt, so bleibt auch für $\bar{v}_1 - \bar{v}_0$ ein ebensolcher Spielraum, wozu noch eine von β herrührende Unsicherheit von 1 bis 2% kommt. Im ganzen können wir heute $\bar{v}_1$ auf 1/10 sicher angeben. Verbesserungsbedürftig sind dabei hauptsächlich unsere Kenntnisse der betreffenden Formelgrößen, zumal der Auspuffgeschwindigkeit.

Angenommen, die Formelgrößen seien durch das Experiment genau bestimmt, so könnten wir mit den Formeln (7) bis (10) bei indirekter Rechnung eine beträchtliche Genauigkeit erzielen. Wir könnten nämlich mit Hilfe von dm (8) und ds (10) eine Korrektur anbringen, falls c von L und von v in geringem Maße abhängig sein sollte. Wir hätten[1]) zuerst: $\frac{\partial c}{\partial v}$ irgendwie als Funktion von v auszudrücken. Sodann müßten wir $\frac{dm}{ds}$ bilden. Es ist angenähert:

$$dm = -\frac{m \cdot d\bar{v}}{c} - \frac{m \cdot \gamma \cdot g}{c} \cdot dt \quad \ldots \text{[Nach (8)]}$$

$$ds = \bar{v} \cdot dt = \frac{H}{c} \cdot \frac{\bar{v} + 2c}{\bar{v} - \gamma \cdot g \cdot \frac{H}{c}} \cdot d\bar{v} \quad \ldots \text{[Nach (10)]}$$

$$\frac{dm}{ds} = -\frac{m}{H} \cdot \frac{\bar{v}^2 + 2 \cdot \gamma \cdot g \cdot H}{\bar{v} \cdot (\bar{v} + 2c)}.$$

[1]) in (3).

(3) erhielte sodann die Form:

$$\frac{\partial\left(\frac{Q}{v}\right)}{\partial v} - \frac{\partial c}{\partial v} \cdot \frac{m}{H} \cdot \frac{\bar{v}^2 + 2\,y\,g\,H}{\bar{v}\,(\bar{v} + 2\,c)} = 0 \quad \ldots\ldots \quad (18)$$

Hieraus könnten wir dann $\bar{v}$ bestimmen und mit diesem Wert für $\bar{v}$: t, m, s und P berechnen. (Ich selbst würde allerdings die günstigste Geschwindigkeit meiner Maschinen auf andere Weise berechnen, denn das obige Verfahren wäre nur zu empfehlen, wenn:

$$\left|\frac{\partial c}{\partial v}\right| < \frac{1}{7000}.$$

Wir könnten sodann (besonders leicht für den Fall, daß c von P unabhängig ist) β und g als Funktionen von s genauer ausdrücken, hiermit die übrigen Größen genauer bestimmen. Die Formeln der zweiten Annäherung kämen der Wahrheit sicher schon auf einige Tausendstel nahe. Bei der dritten Annäherung würde es sich empfehlen, das Anwachsen von v in kleine Abschnitte zu zerlegen, und jeden Abschnitt mit den Formeln der zweiten Annäherung auszurechnen. Dabei könnten wir für β, c, g, s usw. genaue Mittelwerte einsetzen und unter Umständen nachher für den betreffenden Abschnitt noch einige numerische Annäherungen vornehmen. Wir hätten dabei auch schon die Korrekturen anzubringen, die dem Umstand Rechnung tragen, daß $\bar{v} \neq v_g$ (vgl. S. 11). An dieser Stelle möchte ich übrigens auch bemerken, daß ich selbst die Leistungsfähigkeit meiner Maschinen nach anderen Methoden berechnet habe. Diese Methoden haben vor den Formeln (7) bis (10) den Vorzug, daß sie 1. die Abhängigkeit der Auspuffgeschwindigkeit vom geforderten Rückstoß $\left(\text{d. h. also } \frac{\partial c}{\partial P}\right)$ direkt berücksichtigen und für jedes $\frac{\partial c}{\partial P}$ anwendbar sind; 2. daß sie, wenn größere Genauigkeit verlangt würde, rascher zum Ziele führen würden; 3. es erscheint dabei $\frac{m_0}{m_1}$ als die unabhängige Variable; 4. sie sind für jede Geschwindigkeit, nicht nur für $\bar{v}$, anwendbar. — Diese Methoden führen aber nicht zu so anschaulichen Formeln. Wir wollen nun noch für β eine ähnliche Formel ableiten. Es ist

$$\beta = \beta_0 \cdot e^{-\frac{s - s_0}{H}} = \beta_0 \cdot \left[e^{\frac{\bar{v}_0 - \bar{v}}{c}} \cdot \left(\frac{\bar{v}_0 - \frac{2\,g\,H}{c}}{\bar{v} - \frac{2\,g\,H}{c}}\right)^{2 \cdot \left(1 + g\,\frac{H}{c^2}\right)}\right]^{\frac{H}{H'}}$$

[aus (10a)]. Da nun H fast gleich H' ist, und es, wie wir sahen, wenig ausmacht, wenn wir β falsch ansetzen,

$$\beta = \beta_0 \cdot e^{\frac{\bar{v}_0 - \bar{v}}{c}} \cdot \left(\frac{\bar{v}_0 - \frac{2gH}{c}}{\bar{v} - \frac{2gH}{c}} \right)^{2 \cdot \left(1 + g \frac{H}{c^2}\right)} \quad \ldots \quad (11)$$

$$\ln \frac{\beta_0}{\beta} = \frac{\bar{v} - \bar{v}_0}{c} + 2 \cdot \left(1 + g \frac{H}{c^2}\right) \ln \frac{\bar{v} - \frac{2gH}{c}}{\bar{v}_0 - \frac{2gH}{c}} \quad \ldots \quad (11a)$$

§ 4. Der Treibapparat und die Ausströmungsgeschwindigkeit.

Als Brennstoff verwende ich flüssigen Sauerstoff und eine brennbare Flüssigkeit; für die obere Rakete (vgl. S. 17) flüssigen Wasserstoff, für die untere eine Wasser- und Alkoholmischung. Die Flüssigkeiten werden in gesonderten Behältern mitgeführt, der Sauerstoff wird kurz vor der Verbrennung vergast und auf 700° C erhitzt, der Brennstoff wird in fein verteiltem Zustande in den heißen Sauerstoffstrom gespritzt. Fig. 4 zeigt die Anordnung des Treibapparates im Durchschnitt (vgl. hierzu auch die beiden Tafeln am Ende des Buches).

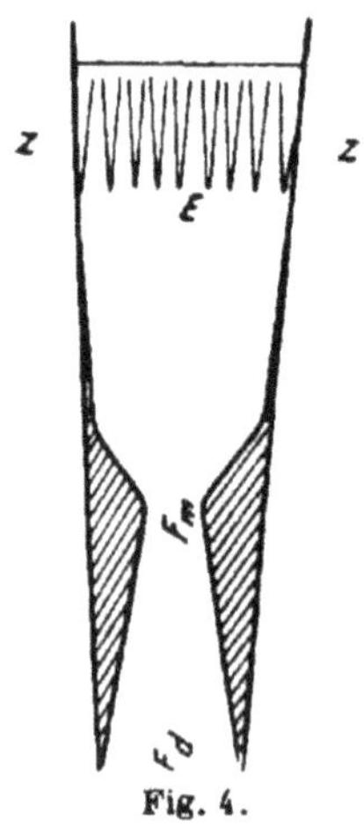

Fig. 4.

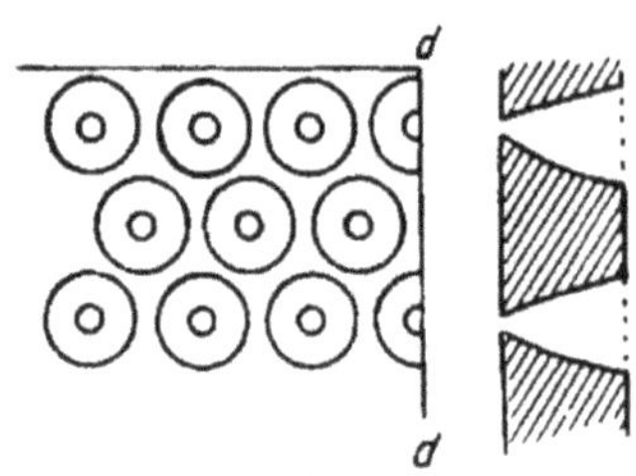

Fig. 4a.

Z sei der Zerstäuber. Hier strömt der Sauerstoff durch 3 bis 5 cm weite Röhren *E*. Von außen umgibt diese Röhren der Brennstoff, der unter 3 bis 4 Atm. höherem Druck steht. Die Wände der Röhren sind mit möglichst feinen und gleich großen Öffnungen versehen. Fig. 4a zeigt ein Stück einer Röhrenwand in zehnfacher Vergrößerung im Durchschnitt *dd* und von der Brennstoffseite. Unter dem Zerstäuber befindet sich der Ofen *o*. Hier findet die stärkste Verbrennung statt. Sodann folgt eine Verengerung, der Hals F_m. Diese scheint mir notwendig, um im Ofen eine gewisse Stauung herbeizuführen. Dadurch erziele ich nämlich:

1. ein längeres Verbleiben der Brennstoffe im Ofen;
2. einen stärkeren Druck (d. h. eine höhere Sauerstoffdichte);
3. eine höhere Temperatur;

alles in allem also eine gründlichere Verbrennung.

An F_m schließt sich die Düse an. Sie ist nach Art der Lavalschen Düsen gebaut und erweitert sich bis zur Mündung F_d. Die Einzelheiten beschreibe ich später (S. 49 ff.).

Das Ausströmen von Gasen aus trichterförmigen Düsen ist in letzter Zeit eingehend behandelt worden. Ich kann diese Dinge wohl als bekannt voraussetzen und mich hier kurz fassen:

Die Ausströmungsgeschwindigkeit von Gasen aus so weiten Düsen ($F_d = 705$ cm²) ist noch nicht direkt gemessen worden. Auf

Grund des Ganges, den die bisherigen Untersuchungen zeigen, kann man (übereinstimmend mit den theoretischen Überlegungen) folgendes annehmen:

Je vollkommener die Form der Düse, je größer die Dichte der Gase und je weiter die Düse ist, um so mehr treten die störenden Einflüsse (Reibung u. dgl.) zurück, und die Ausströmungsgeschwindigkeit nähert sich immer mehr demjenigen Wert, der bereits im vorigen Jahrhundert auf Grund thermodynamischer Überlegungen berechnet worden ist.

Zeuner (Turbinen, S. 261 ff.) bringt eine übersichtliche Ableitung der Ausströmungstheorie. Bei meiner Rakete nähern sich die Verhältnisse seinen Formeln so weit, daß ich sie als Grundlage der Diskussion benutzen kann. Nach Zeuner (Turbinen) (155) ist für jede Stelle der Düse:

$$c = \sqrt{2 \cdot 9{,}81 \cdot \frac{\varkappa}{\varkappa - 1} p_0 \cdot V_0 \cdot \left[1 - \left(\frac{p}{p_0}\right)^{\frac{\varkappa - 1}{\varkappa}}\right]} \quad . \; . \quad (12)$$

solange $p \geqq \beta$. Dabei nenne ich

$\varkappa$ das Verhältnis: $\dfrac{\text{spez. Wärme der ausströmenden Gase bei konstantem Druck}}{\text{spez. Wärme der ausströmenden Gase bei konstantem Volumen.}}$

p_0 ist der (absolute) Druck im Ofen in kg/m².

p ist der (absolute) Druck der ausströmenden Gase an der untersuchten Stelle, ebenfalls in kg/m².

c ist die Ausströmungsgeschwindigkeit an dieser Stelle.

p_d soll der Mündungsdruck sein.

V_0 ist in m³ das Volumen von 1 kg der Auspuffgase bei den Verhältnissen im Ofen. Da die Temperatur im Verbrennungsraum einen bestimmten Höchstwert nicht überschreiten darf, hängt $p_0 V_0$ lediglich von der Zusammensetzung des Gases ab. Bezüglich p_0 und p ist zu bemerken: Nach Zeuner ist, wenn $p \geqq \beta$, für jede Stelle der Zusammenhang zwischen dem Düsenquerschnitt F_p und dem Druck p gegeben durch die Formel:

$$\frac{F_p}{F_m} = \sqrt{\frac{\frac{\varkappa - 1}{\varkappa + 1} \cdot \left(\frac{2}{\varkappa + 1}\right)^{\frac{2}{\varkappa - 1}}}{\left(\frac{p}{p_0}\right)^{\frac{2}{\varkappa}} - \left(\frac{p}{p_0}\right)^{\frac{\varkappa + 1}{\varkappa}}}} \quad . \; . \; . \; . \; . \; . \quad (13)$$

Hieraus lesen wir ab:

Das Verhältnis $\frac{p_d}{p_0}$ ist (in Wirklichkeit nur angenähert) konstant, wenn (wie in Fig. 4) $\frac{F_d}{F_m}$ und $\varkappa$ (also die Zusammensetzung des Gases) konstant ist. Nun hängt nach (12) bei einem bestimmten Gas von bestimmter Temperatur c_d lediglich von $\frac{p_d}{p_0}$ ab. Ist nun $\frac{p_d}{p_0}$ konstant, so wird auch die Auspuffgeschwindigkeit (fast) konstant und unabhängig vom Innendruck. Trotzdem wächst hier bei wachsendem p_0 der Rückstoß P, denn mit wachsendem p_0 wächst hier p_d und damit die Dichte, bei gegebenem c und F also die Masse des ausgestoßenen Gases.

Die genannten Formeln sind Näherungsformeln. Sie vernachlässigen erstens die Reibung und die Wirbelbildung; aber selbst für ein ideales Gas wären sie höchstens dann richtig, wenn der Mündungsdruck dem Luftdruck gleich wäre, d. h. wenn $p_d = \beta$.

Beweis: Nach dem Rückstoßgesetz gilt exakt

$$P = \iint (p - \beta) \cdot dF = \iint p \cdot dF - \beta \cdot F.$$

Nach (13) wäre nun bei konstantem p_0 und T_0 (T_0 ist die absolute Temperatur im Verbrennungsraum) auch p_d, damit auch das spezifische Volumen V_d der Auspuffgase an der Mündung, nach (12) auch die Auspuffgeschwindigkeit c, die in einer Sekunde ausgestoßene Masse $\frac{c_d \cdot F_d}{V_d}$ und deren Bewegungsmoment:

$$c_d \cdot \frac{c_d \cdot F_d}{V_d}$$

konstant. Weiter wäre nach (12) und (13) aber auch $\iint p \cdot dF$ konstant und der Rückstoß wäre im luftleeren Raum um $\beta \cdot F$ größer als im Raum mit dem Luftdruck β.

Dem gleichen Bewegungsmoment des Auspuffgases würde also ein ungleicher Impuls auf die Rakete gegenüberstehen — das ist mit dem dritten Newtonschen Prinzip (dem Satz von der Erhaltung des Schwerpunktes) unvereinbar.

In Wirklichkeit liegt die Sache so, daß: 1. mit abnehmendem β eine teilweise Loslösung des Gasstromes von der Düsenwand eintritt; dabei wird scheinbar p und folglich auch $\iint p \cdot dF$ kleiner. Dabei muß 2. das Gas in der Düse von F_m angefangen eine stärkere Beschleunigung erfahren (c wächst). 3. Schließlich strömt auch durch F_m etwas mehr Gas.

Bei der Alkoholrakete (A.R.) des Modells B, welches ich später beschreiben werde, wächst c von der Abfahrt angefangen theoretisch um 6 bis 7%. Der geringste Wert, den c annehmen kann, liegt nach meiner Schätzung zwischen 1530 und 1700 m/sec. (Diese Unsicherheit ist also größer als der ganze Betrag, um den c variieren kann! Sie ist deswegen so groß, weil ich den Zerstäuber bis jetzt nur noch theoretisch berechnen konnte, und noch nicht in der Lage war, seine Arbeitsweise experimentell zu untersuchen.)

Wird P (und damit p_0) so klein, daß aus dem Verhältnis $\frac{F_d}{F_m}$ nach (13) folgen würde $p_d < \beta$, so nimmt c rasch ab, und das ist sehr unerwünscht. Nenne ich $p_0 - \beta = \ddot{u}$ den Überdruck, so soll:

$$\frac{F_d}{F_m} \leqq \sqrt{\frac{\frac{\varkappa - 1}{\varkappa + 1} \cdot \left(\frac{2}{\varkappa + 1}\right)^{\frac{2}{\varkappa - 1}}}{\left(\frac{\beta}{\ddot{u} + \beta}\right)^{\frac{2}{\varkappa}} - \left(\frac{\beta}{\ddot{u} + \beta}\right)^{\frac{\varkappa + 1}{\varkappa}}}}.$$

Wenn wir ein Kompromiß anstreben, so liegt jedenfalls $\frac{F_d}{F_m}$ (opt) sehr nahe bei $\frac{F_d}{F_m}$ (min) (bei der A.R. des Mod. B z. B. ist das Optimum nur um 1,9 % größer).

Andernteils ist es nach (12) erwünscht, daß $\frac{p_d}{p_0}$ so gering als möglich; $\frac{F_d}{F_m}$ also so groß als möglich sei. $\ddot{u}$ (und damit p_0) erreicht aus technischen Gründen bald eine obere Grenze, und wir müßten bei schwankendem p_d unsere Rakete mit Rücksicht auf den größten Wert $\frac{p_d}{p_0}$ bauen. Dadurch würde 1. c im allgemeinen herabgesetzt, ein weiterer Übelstand wäre der, daß p_0 schwankt, also im allgemeinen geringer ist, als es bei der Festigkeit der Düse sein könnte. Das brächte folgenden Nachteil mit sich:

Die Temperatur im Verbrennungsraum darf nicht über einen bestimmten Höchstwert hinaussteigen. Das kann ich bei der Wasserstoffrakete (H.R.) dadurch erreichen, daß ich mehr Wasserstoff zuströmen lasse, als zur Verbindung H_2O nötig ist. Um vergast und auf die Temperatur des Verbrennungsraumes gebracht zu werden, bindet dieser Wasserstoff Wärme. Trotzdem wird das ausströmende Gas spezifisch leichter und c größer.

Anmerkung. Um das einzusehen, beachte man, daß die Dissoziation des Wasserdampfes, die sonst bei 1500° C beginnt, ebenfalls viel Wärme bindet, ohne daß das Gas dabei im selben Maße leichter wird wie bei starkem Wasserstoffzusatz. (Übrigens ist es auch für die Blechwand des Ofens von Bedeutung, daß sie nicht mit hochdissoziiertem Wasserdampf, sondern mit undissoziiertem und stark reduzierendem Gas in Berührung kommt.)

Bei der Alkoholrakete lasse ich aus ähnlichen Gründen Wasser zuströmen. Je höher nun der Druck ist, unter dem die Gase stehen, desto mehr erhitzen sie sich beim selben chemischen Vorgang. (Es ist dasselbe, als ließe man den Vorgang in dünnem Gas stattfinden und erwärmte es nachher noch durch Zusammenpressen.) Ich kann also, wenn p_0 groß ist, mehr Wasserstoff oder Wasserdampf ausströmen lassen; da diese verhältnismäßig leichter sind, wird $p_0 \cdot V_0$ und folglich c größer.

Die folgende Vorrichtung wäre vielleicht geeignet, p_0 vom Rückstoß P unabhängig zu machen. Man könnte (vgl. Fig. 5) die Düse bei F eine längere Strecke weit zylindrisch oder schwach konvergent weiterführen und vom Verbrennungsraum aus einen Regulierstift e (ähnlich wie bei den Peltonschen Wasserturbinen) nach Bedarf in die Düse hineinschieben. [Das schon erwähnte Modell B braucht diesen Regulierstift indessen nicht, denn hier ist für die A.R. der geforderte Rückstoß nahezu konstant. Die Wasserstoffrakete (H.R.) kann die Geschwindigkeit $\bar{v}$ aus technischen Gründen überhaupt nicht einhalten (was übrigens, wie wir sehen werden, S. 58, nicht viel schadet). Der Rückstoß ist hier völlig konstant. Hier sind also tatsächlich p_0 und c konstant zu setzen.]

Fig. 5.

Die Größe der Mündung F_d ist bei der A.R. dadurch gegeben, daß an der Stelle, wo P/β am kleinsten ist, das Auspuffgas beim Druck β und der absoluten Temperatur: $T_d = T_0 \left(\frac{p_d}{p_0}\right)^{\frac{\varkappa - 1}{\varkappa}}$, in einer Sekunde den Raum $c \cdot F_d$ ausfüllen soll.

Die Wärmemenge, die durch die Oxydation erzeugt wird, ist gleich der Wärmemenge, die der Kühlstoff und die Verbrennungsprodukte aufnehmen müssen, denn man kann die Wärme, die der Ofen an die Umgebung abgibt, vernachlässigen. Die thermochemischen Tabellen geben die Verbrennungswärme meist für den Fall an, daß die Verbrennung beim Druck von 1 Atm. stattfindet und alle beteiligten Stoffe auf $+ 15^0$ C gebracht sind. Wir müssen also folgendermaßen rechnen:

Die Wärmemenge, die durch die Oxydation geliefert wird, ist gleich der Wärmemenge, um den Brennstoff und Sauerstoff auf 15^0 C zu bringen plus der Wärmemenge, um die Verbrennungsprodukte auf die mit der Poissonschen Formel auf 1 Atm. reduzierte Temperatur zu bringen.

Die reduzierte Temperatur berechnen wir für die zweiatomigen und die dreiatomigen Gase gesondert.

$$T_1 = T_0 \left(\frac{1 \text{ Atm}}{p_0}\right)^{\frac{\varkappa - 1}{\varkappa}}$$

wobei $\varkappa$ im ersten Falle gleich 1,406, im zweiten Fall gleich 1,30 und T_1 und T_0 absolut anzusetzen sind. Hieraus ist T_1 zu berechnen. In dem vorhergehenden Ansatz ist das Verhältnis zwischen Brennstoff und Sauerstoff durch die chemischen Beziehungen gegeben. So binden z. B. 46 g Äthylalkohol 96 g Sauerstoff, oder 8 g Sauerstoff 1 g Wasserstoff. Wir können also, wenn wir T_1 berechnet haben, mit dieser Formel das Verhältnis zwischen Brennstoff und Kühlstoff bestimmen.

Um H Kilogramm flüssigen Wasserstoff von -253^0 C zu verdampfen und auf die reduzierte absolute Temperatur T_1 zu bringen, muß man ihm

$$H \cdot 3{,}400\,(T_1 + 12) \text{ Kal.}$$

zuführen (wenn T_1 hoch über dem Siedepunkt liegt). Diese Zahl erhält man folgendermaßen:

T_2 sei die Temperatur, bei der die spezifische Wärme des Gases bei 1 Atm. Druck c_p konstant wird. Nun bestimmt man die Wärmemenge, die nötig ist, um 1 kg vom Siedepunkt bis T_2 zu bringen. Diese sei Q_2. Von T_2 bis T_1 bindet 1 kg die Wärme:

$$Q_1 = (T_1 - T_2) \cdot c_p$$

im ganzen also

$$Q_1 + Q_2 = \left(T_1 + \frac{Q_2}{c_p} - T_2\right) \cdot c_p.$$

Beim Wasserstoff ist nun $c_p = 3{,}400$ Kal/kg und $\frac{Q_2}{c_p} - T_2 = 12^0$, also bindet 1 kg Wasserstoff: $3400\,(T_1 + 12)$ Kal. H kg binden H mal soviel Wärme.

Um S kg flüssigen Sauerstoff von -183^0 C zu verdampfen und auf $T_1{}^0$ abs. zu bringen, braucht man

$$S \cdot 0{,}218 \cdot (T_1 + 144) \text{ Kal.}$$

Verwendet man statt des Sauerstoffs flüssige Luft, so wirkt der Stickstoff, den sie enthält, als Kühlstoff. N kg flüssiger Stickstoff von $-195{,}7^0$ C braucht bis T_1 bei Atmosphärendruck:

$$N \cdot 0{,}244\,(T_1 + 121) \text{ Kal.}$$

Es würde zu weit führen, hier auf weitere Einzelheiten der Rechnung einzugehen. Wer meine Angaben nachprüfen will, findet die noch fehlenden Daten am besten in den physikalisch-chemischen Tabellen von Landolt und Börnstein.

Kennt man die Zusammensetzung des Gases und T_1, so kann man $p_0 \cdot V_0$ leicht berechnen.

Vor der Anwendung der Formeln (12) und (13) muß $\varkappa$ für das Auspuffgas im ganzen noch einmal berechnet werden. Bei der A.R. strömen fast nur dreiatomige Gase aus, hier ist $\varkappa = 1{,}30$. Bei der H.R. strömt Wasserdampf und Wasserstoff aus. Hier nimmt $\varkappa$ mit wachsendem Wasserdampfgehalt ab. Es ist für

$\frac{\text{Sauerstoffgewicht}}{\text{Wasserstoffgewicht}} = 0{,}8$	0,9	1,0	1,1	1,2	1,3	1,4	1,5	1,6	1,7	1,8	1,9
$\varkappa = 1{,}400$	1,398	1,396	1,394	1,393	1,391	1,389	1,388	1,386	1,385	1,384	1,383

§ 5. Die freie Fahrt der Rakete.

Sind die Brennstoffe erschöpft, oder hört aus sonst einem Grunde der Antrieb auf, so fliegt die Rakete mit einer Geschwindigkeit v_1 weiter, die aus $\bar{v}_1$ und einer Tangentialgeschwindigkeit w (infolge der Erdrotation und der Windgeschwindigkeit) resultiert. v_1 ist also die Bewegung in bezug auf ein Koordinatensystem mit bleibender Richtung, in welchem der Erdmittelpunkt einen unveränderten Platz hat.

Die gewöhnlichen ballistischen Formeln eignen sich nicht für die Bahn der Rakete, denn erstens ist v_1 von der Größenordnung 1—10 km/sec; bei solchen Geschwindigkeiten muß man aber schon berücksichtigen, daß die Erdanziehung mit der Höhe abnimmt und auch nicht sich selbst parallel bleibt (also nicht nach einem unendlich fernen Punkt gerichtet ist). Zweitens fällt der Luftwiderstand viel weniger ins Gewicht als bei Geschossen. Dies vereinfacht die Rechnung wieder.

Wirkung des Luftwiderstandes: $\bar{v}_1$ sei die Geschwindigkeit in bezug auf die umgebende Luft im Augenblick, wo der Antrieb aufhört. L_1 sei der Luftwiderstand, β_1 der Luftdruck an dieser Stelle. Nach $t_2 - t_1$ Sekunden sei $\bar{v}_2$ die Geschwindigkeit, L_2 der Luftwiderstand, β_2 der Luftdruck. Es ist:

$$L_2 = L_1 \frac{\bar{v}_2{}^2}{\bar{v}_1{}^2} \cdot \frac{\beta_2}{\beta_1} = L_1 \frac{\bar{v}_2{}^2}{\bar{v}_1{}^2} \cdot e^{-\frac{\int \bar{v}\, d t}{H}}.$$

Mit Rücksicht darauf, daß $\bar{v}$ sich nur wenig ändert, soweit wir es noch mit einem nennenswerten Luftwiderstand zu tun haben, können wir auch schreiben

$$\bar{v}_1 \approx \bar{v}_2;\quad L_1 \approx L_2 \cdot e^{-\frac{\bar{v}_1 t}{H}}.$$

Die Verzögerung durch den Luftwiderstand ist:

$$\int_{t_1}^{t_2} \frac{L}{m_1} \cdot d\,t \approx \frac{L_1}{m_1} \cdot \frac{H}{\bar{v}_1} \cdot \left(1 - e^{-\frac{\bar{v}_1 (t_2 - t_1)}{H}}\right).$$

Die Gesamtverzögerung:

$$\int_{0}^{\infty} \frac{L}{m_1} \cdot d\,t \approx \frac{L_1}{m_1} \cdot \frac{H}{\bar{v}_1} \quad \ldots\ldots\ldots \quad (14)$$

War $\bar{v}_1$ die günstigste Geschwindigkeit an der Stelle s_1, so ist (vgl. S. 16): $L/m_1 = g$, die Gesamtverzögerung also gleich $\frac{H}{\bar{v}} \cdot g$. Blieb die Geschwindigkeit (v_n) hinter $\bar{v}_1$ zurück (vgl. S. 27), so ist die Gesamtverzögerung durch den Luftwiderstand entsprechend kleiner, nämlich:

$$\int_{t_1}^{\infty} \frac{L'}{m_1}\, d\,t \sim \frac{H}{v_n} \cdot \frac{L_1}{m_1} \cdot \frac{v_n^2}{\bar{v}_1^2} = \frac{H}{\bar{v}_1} \cdot \frac{L_1}{m_1} \cdot \left(\frac{v_n}{\bar{v}_1}\right)$$

also nur $\frac{v_n}{\bar{v}_1}$ mal so groß.

Für $g = 9{,}6$ m/sec² und $\bar{v}_1 = 1000$ m/sec und die entsprechenden übrigen Größen erhalten wir z. B.

$$\int_{t_1}^{\infty} \frac{L}{m_1} \cdot d\,t \approx 73 \text{ m/sec}$$

(genau 69 m/sec. Der Unterschied ist zum Teil auch deswegen so gering, weil sich verschiedene Fehler, die wir machten, kompensieren).

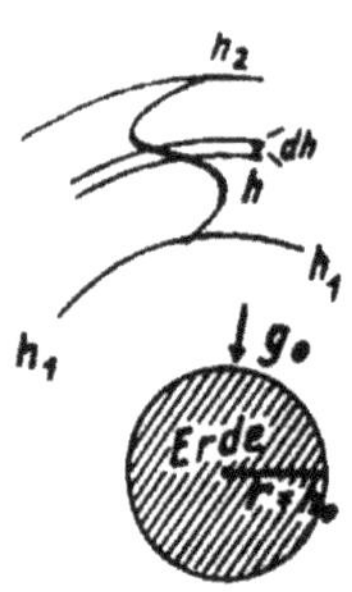

Fig. 6.

Für $\bar{v}_1 = 10000$ m/sec; $\frac{L_1'}{m_1} = 3$ m/sec² (hier ist s und daher der Wasserstoffgehalt der Luft, mithin H größer) beträgt die Gesamtverzögerung 2,2 m/sec; also ein verschwindender Betrag.

Energie, Höhe und Geschwindigkeit: Um einen Körper m_1 im Anziehungsfelde der Erde (gleichviel auf welcher Bahn) von der Höhe h über dem Erdmittelpunkt auf die Höhe $h + dh$ zu heben, ist die Arbeit: $d\,A = m_1 \cdot g \cdot d\,h = m_1 \cdot g_0 \cdot \frac{r^2}{h^2} \cdot d\,h$ erforderlich. Um den Körper von h_1 bis h_2 zu heben, braucht es die Energie

$$A = \int_{h_1}^{h_2} d\,A = m_1 \cdot g \cdot h_0^2 \left(\frac{1}{h_1} - \frac{1}{h_2}\right) \quad \ldots\ldots \quad (15)$$

Hat der Körper die Steigung auf Kosten seiner Geschwindigkeit, d. h. seiner kinetischen Energie überwunden, so ist auch:

$$A = \frac{1}{2} m_1 \cdot (v_1^2 - v_2^2)$$

wie immer v_1 und v_2 gerichtet sind. Aus beiden Formeln folgt:

$$v_1^2 - v_2^2 = 2 \cdot g_0 \cdot h_0^2 \cdot \left(\frac{1}{h_1} - \frac{1}{h_2}\right) = 2 g_1 h_1^2 \cdot \left(\frac{1}{h_1} - \frac{1}{h_2}\right). \quad (16)$$

Diese Formel gilt natürlich nur, solange man vom Einfluß der übrigen Weltkörper absehen kann.

Wenn $\mathfrak{v}_1$[1]) zur Erdoberfläche nicht senkrecht steht (bei meiner Rakete ist $\mathfrak{v}_1$ die Resultante der Vertikalen $\bar{\mathfrak{v}}_1$ und der Horizontalen $\mathfrak{w}$), so beschreibt der Körper eine Kegelschnittlinie, für $v_1^2 < 2 \cdot g_1 \cdot h_1$ eine Ellipse, für $v_1^2 = 2 \cdot g_1 \cdot h_1$ eine Parabel, für $v_1^2 > 2 \cdot g_1 h_1$ eine Hyperbel. Denken wir uns den Erdmittelpunkt und den Körper durch eine Gerade verbunden, so bestreicht diese in gleichen Zeitabschnitten gleiche Flächen (2. Keplersches Gesetz).

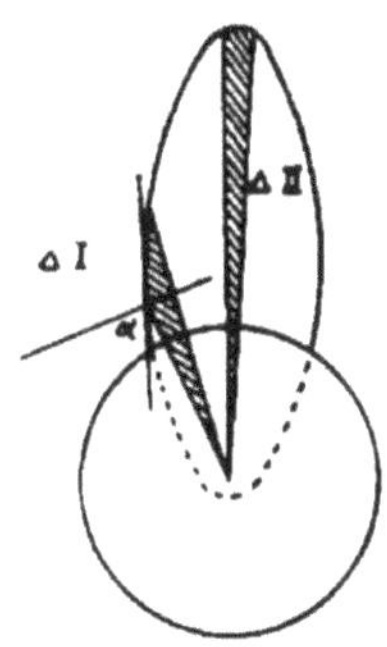

Fig. 7.

Ist v_2 die Geschwindigkeit am höchsten Punkt der Bahn, und ist dt ein bestimmter (verschwindend kleiner) Zeitabschnitt, so gilt:

$$\triangle I = \triangle II.$$

Die Seiten in $\triangle I$ sind: $v_1 \cdot dt$; h_1; $h_1 + v_1 \cdot dt \sin\alpha$ (α sei der Winkel, den v_1 mit der Horizontalen bildet).

Bezeichne ich die halbe Seitensumme mit S; S um eine Seite vermindert mit Sa, Sb oder Sc, so ist bekanntlich:

$$\triangle I = \sqrt{S \cdot Sa \cdot Sb \cdot Sc}$$

$$= \sqrt{\frac{1}{2} \cdot (2 h_1 + v_1 [\sin\alpha + 1] \cdot dt) \cdot \frac{1}{2} \cdot (2 h_1 + v_1 [1 - \sin\alpha] dt) \cdot}$$

$$\cdot \sqrt{\frac{1}{2} (v_1 \cdot dt + v_1 \cdot dt \cdot \sin\alpha) \cdot \frac{1}{2} \cdot (v_1 \cdot dt - v_1 dt \cdot \sin\alpha)}$$

oder, nachdem die dt enthaltenden Glieder neben denen ohne dt verschwinden:

$$\triangle I = \sqrt{h_1^2 \cdot \left(\frac{1}{2} v_1 \cdot dt\right)^2 (1 - \sin^2\alpha)} = v_1 \cdot h_1 \cdot \cos\alpha \cdot \frac{dt}{2}.$$

Bei $\triangle II$ sind die Seiten: $v_2 \cdot dt$; h_2; h_2. Es ist also

$$\triangle II = \sqrt{\frac{1}{2} \cdot (2 h_2 + v_2 \cdot dt) \cdot \frac{1}{2} \cdot (2 h_2 - v_2 \cdot dt) \cdot \frac{1}{2} \cdot v_2 \cdot dt \cdot \frac{1}{2} v_2 \cdot dt} =$$

$$= h_2 v_2 \frac{dt}{2}.$$

---

[1]) Die lateinischen Buchstaben sollen die skalare Größe einer Geschwindigkeit, die deutschen die Geschwindigkeit als Vektor bezeichnen.

Nachdem $\triangle I = \triangle II$, ist auch:

$$h_1 \cdot v_1 \cdot \cos\alpha = h_2 \cdot v_2$$

$$(v_1^2 - v_2^2) = v_1^2 \cdot \left(1 - \frac{h_1^2}{h_2^2} \cdot \cos^2\alpha\right)$$

dies in (16) eingesetzt:

$$v_1^2 \cdot \left(1 - \left(\frac{h_1}{h_2}\right)^2 \cos^2\alpha\right) = 2 \cdot g_1 \cdot h_1^2 \left(\frac{1}{h_1} - \frac{1}{h_2}\right).$$

Im Falle der Ellipse hat diese Gleichung zwei Wurzeln, denn es gibt zwei Punkte (nämlich den höchsten und den tiefsten), für die die elliptische Bahn wagerecht verläuft. Der Ausdruck für den höchsten Punkt (also für die Steighöhe der Rakete) heißt:

$$h_2 = h_1 \cdot \frac{g_1 h_1 + \sqrt{g_1^2 \cdot h_1^2 - (2 g_1 h_1 - v_1^2)\, v_1^2 \cos^2\alpha}}{2 g_1 h_1 - v_1^2} \quad . . (17)$$

Bei meiner Rakete steht $\mathfrak{v}$ senkrecht zur Erdoberfläche, also auch zu $\mathfrak{w}$. Es ist also $v_1^2 = \bar{v}_1^2 + w^2$, $v_1 \cdot \cos\alpha = w$. Der Ausdruck für die Steighöhe lautet somit:

$$h_2 = h_1 \cdot \frac{g_1 h_1 + \sqrt{g_1^2 \cdot h_1^2 - (2 g_1 h_1 - \bar{v}_1^2 - w^2) \cdot w^2}}{2 g_1 h_1 - \bar{v}_1^2 - w^2} \quad . (17a)$$

Niedergangsort: Trotzdem meine Rakete scheinbar senkrecht aufsteigt, fällt sie nicht an dem Orte nieder, von welchem sie aufgestiegen ist. Erstens beeinflussen sie die seitlich bewegten Luftschichten (die horizontale Komponente ihrer Bewegung ist so gut wie völlig gleich der seitlichen Bewegung der höheren Luftschichten). Zweitens kommt aus kosmischen Gründen eine Abweichung zustande. Infolge der Erdrotation bewegt sich die Rakete nämlich vom Schnittpunkt des Lotes mit der Erdachse aus betrachtet unter einem um die Himmelskugel gezogenen größten Kreis. Dieser Kreis läuft anfänglich genau von Westen nach Osten, weicht aber später gegen den Äquator zu ab, wenn nicht der Aufstiegsort selbst am Äquator lag (vgl. Fig. 8).

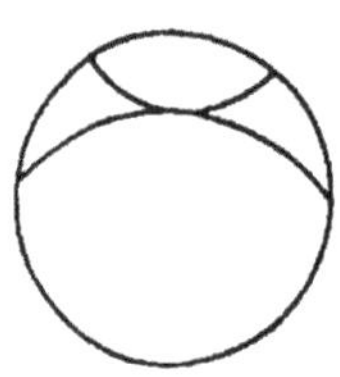

Fig. 8.

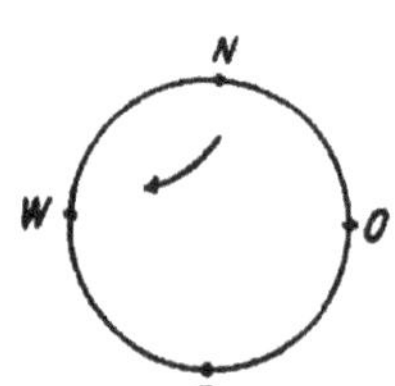

Fig. 9.

Weiterhin ist die Winkelgeschwindigkeit der Rakete in bezug auf den Erdmittelpunkt kleiner als die Winkelgeschwindigkeit des Punktes der Erdoberfläche, über welchem die Rakete sich gerade befindet. Das bedingt eine Abweichung nach Westen. In Fig. 9 verbindet der Pfeil die geographischen Punkte, über welchen die Rakete hinfliegt. Diese Kurve läßt sich leicht berechnen. Dadurch wird das Auffinden erleichtert.

§ 6. Der Andruck.

Ich glaube, die folgende physikalische Betrachtung wird dienlich sein, um gewisse Erscheinungen beim Aufstieg unseres Apparates leichter zu erfassen und die folgenden Ausführungen zu vereinachen.

Wird ein Wagen in voller Fahrt gebremst, so werden alle seine Insassen, und zwar jeder Teil ihres Körpers proportional seiner Masse, nach vorwärts gedrängt; fährt der Wagen schnell an, so werden sie nach rückwärts gedrängt.

Wird auf der Erde einem Körper (oder einem System von Körpern) jede Stütze entzogen, so fällt er mit 9,81 m/sec² Beschleunigung. Wird er durch eine von außen angreifende Kraft (die Unterstützung) am Fallen gehindert, so entstehen gewisse Zug- und Druckspannungen im Körper: der Körper ist einem Andruck gegen die Stütze ausgesetzt.

Definition: Ein Körper ist einem Andruck ausgesetzt, heißt also: Auf jedes kleinste Massenteilchen des Körpers wirkt eine Kraft, die nicht von den benachbarten Molekülen herrührt, für alle Teilchen dieselbe Richtung hat und proportional deren Masse ist, also jedem Teilchen die nämliche Beschleunigung erteilen möchte; der Körper ist aber durch Unterstützung gehindert, dieser Kraft zu folgen.

Wir wollen hier nur an Körper denken, die neben dem Wirkungsradius der Molekularkräfte groß, neben den wichtigeren Himmelskörpern aber verschwindend klein erscheinen. (Obwohl man auch die Erscheinungen der Adhäsion, der Kapillarität usw. einesteils, sowie die Erscheinungen der Ebbe und Flut und ähnliches andernteils, auch unter dem Gesichtspunkt des Andrucks behandeln könnte).

Da alle Bewegung relativ ist, tritt Andruck sowohl dann ein, wenn alle Moleküle eines Körpers eine bestimmte Beschleunigung erhalten würden, der Körper aber in Ruhe gehalten wird (Andruck durch Schwere), als auch dann, wenn die Moleküle in Ruhe zu bleiben suchen, der Körper aber beschleunigt wird (Andruck durch Trägheit). Der Ausdruck »Unterstützung« ist hierbei sehr weit zu fassen: jede Kraft, die den Körper hält, kann als Unterstützung gelten, wenn sie nur nicht selbst jedem Massenteilchen dieselbe Beschleunigung erteilen möchte. Demnach ist ein Buch, welches auf dem Tisch liegt, ebenso gut unterstützt als eine hängende Lampe; die Flüssigkeit in einem Behälter ist unterstützt, ebenso ein schwimmender Körper; unterstützt sind weiter die Papierschnitzel, die an einer elektrisierten Siegellackstange, oder Eisenstücke, die an einem Magneten hängen. Denn auch die elektrischen oder magnetischen Anziehungskräfte würden nicht jedem Molekül die gleiche Beschleunigung erteilen (wie etwa hier die Schwerkraft). Nicht unterstützt ist dagegen nach unserer Definition etwa der Radfahrer in der unterbrochenen Schleife (vgl. Fig. 10).

Fig. 10.

Es ist wahr, der Artist kann nicht im Sinne der Erdanziehung herabfallen, da dies die Zentrifugalkraft verhindert. Die Zentrifugalkraft wirkt aber selbst auf jedes Teilchen in gleicher Weise beschleunigend ein, Schwere und Fliegkraft halten sich sicher schon in jedem Atom das Gleichgewicht, und der Körper bewegt sich (abgesehen vom Luftwiderstand) so, wie sich jedes Atom bewegen würde, wenn es frei beweglich wäre. Aus der Bewegung des Körpers folgen also keinerlei Zug- und Druckspannungen zwischen den einzelnen Atomen: der Körper ist überhaupt keinem Andruck ausgesetzt. Wenn er aber »unterstützt« wäre, so müßte ein Andruck gegen die Stütze da sein, der nur aus Zug- oder Druckspannungen zwischen den einzelnen Molekülen entstehen darf.

Der Andruck hat die Dimensionen einer Beschleunigung (im technischen Maßsystem also m/sec²) und ist wie diese eine Vektorgröße. Seine physikalische Wirkung hängt nur von seiner absoluten Größe, von der Natur des beeinflußten Körpers und der Art der Unterstützung, nicht aber von der erzeugenden Massenkraft ab.

Beispiele für Andruck.

a) Andruck durch Schwere: Der Andruck, den alle auf der Erde befindlichen unbewegten (besser: unbeschleunigten Körper) erfahren, resultiert hauptsächlich aus dem Andruck durch die Erdanziehung (9,80 bis 9,83 m/sec²). Dazu kommen noch: der Andruck infolge der Erdrotation und die Andrucke, die die Ebbe und die Flut erzeugen. Am Mars beträgt der Andruck nur 3,72 m/sec² wegen der geringeren Masse und Anziehung des Mars; auf der leuchtenden Sonnenoberfläche würde er 271 m/sec² betragen.

b) Andruck durch Trägheit (vgl. das Beispiel vom Wagen). Sehr hohem Andruck wird ein fester Körper für kurze Zeit beim Stoß ausgesetzt. Fällt z. B. eine elfenbeinerne Billardkugel aus 20 cm Höhe auf eine Marmorplatte, so kommt sie dort mit einer Geschwindigkeit von rd. 2 m/sec an. Diese Geschwindigkeit wird während des Anpralles abgebremst, dabei beträgt die Bremsstrecke sicher für keinen Punkt der Kugel mehr als 1 mm. Den durchschnittlichen Andruck (a) während des Anpralles finden wir aus den Formeln (s Bremsstrecke, t Zeitdauer des Anpralls, v Geschwindigkeit vor dem Anprall):

$$v = a \cdot t; \; s = \frac{1}{2} \cdot a t^2; \; t = v/a; \; s = v^2/2a; \; a = v^2/2s.$$

In unserem Falle wäre der Durchschnittswert des Andrucks also:

$$a = 4/0{,}002 = 2000 \text{ m/sec}^2.$$

Der Höchstwert ist noch höher.

Andere Beispiele für den Andruck durch Trägheit sehen wir bei der Kreisbewegung. Dabei können wir besonders schön die vektorielle Addition des Schwere- und des Fliehkraftandrucks beobachten.

c) Das Fehlen von Andruck beobachten wir auf der Erde nur dann, wenn nur die Trägheit eines Körpers seiner Schwere das Gleichgewicht hält, d. h. wenn der Körper dem Zug der Schwere frei folgen kann, also bei nicht unterstützten (geworfenen oder fallenden) Körpern. Und auch da fehlt der Andruck eigentlich nur dann ganz, wenn der Körper sich nicht bewegt, und das kann überhaupt nur einen Augenblick lang der Fall sein (ein bewegter Körper ist ja durch den Luftwiderstand unterstützt).

Im großen ist natürlich fehlender Andruck das Häufigere. Sei es, daß auf das System (wie auf den ganzen Kosmos) von außen keine Andruck erzeugenden Kräfte einwirken, sei es, daß die verschiedenen Anziehungskräfte, die von außen auf das System einwirken, sich gegenseitig aufheben. (Das dürfte z. B. bei den Fixsternen im Innern des Milchstraßensystems so ziemlich der Fall sein.) Sei es endlich, daß der Körper jedem Gravitationszug frei folgen kann. (Sterne am Rande der Milchstraße, Planeten usw.)

Fehlender Andruck ist also dadurch gekennzeichnet, daß keinerlei von außen stammende Kräfte die Teile des Systems gegeneinander zu verschieben trachten. Bewegliche Teile ordnen sich daher im Sinne der Kräfte an, die dem System innewohnen. Springe ich beispielsweise von genügender Höhe ins Wasser und halte in der Hand eine Flasche mit Quecksilber, so bildet das Quecksilber in der Mitte der Flasche eine Kugel, die nur an einer Stelle am Glase haftet (vgl. Fig. 11). (Zur Kompensierung des Luftwiderstandes halte ich die Flasche erst etwas über meinem Kopf und bewege sie sodann mit zunehmender Beschleunigung nach abwärts, auch muß man sie oft etwas seitlich verschieben.) Benetzende Flüssigkeiten dagegen (z. B. Wasser) suchen an den Wänden hinaufzusteigen und die Luft in die Mitte der Flasche zu drängen (Fig. 12). (Dieser Versuch gelingt übrigens nur, wenn die Wände der Flasche feucht sind. Andernfalls hat das Wasser zum Emporsteigen nicht genug Zeit.) Liegen am Boden der Wasserflasche Kieselsteine, so werden diese vom Boden weg ins Wasser hineingezogen usf.

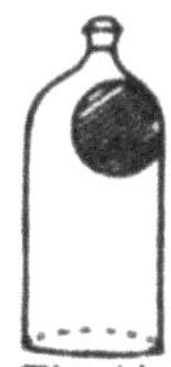

Fig. 11.

Fig. 12.

Können wir die Kräfte, die aus dem System stammen, vernachlässigen, so bleiben alle frei beweglichen Teile eines Systems zueinander in derselben Lage oder halten gegeneinander dieselbe gleichförmige Bewegung ein. Halte ich beim oben erwähnten Sprung einen Stein in der Hand, so kann ich ihn frei lassen, und er wird zu meinem Körper in derselben Lage bleiben. Stoße ich ihn an, so bewegt er sich, von mir aus gesehen, gleichförmig weiter. Seine Querschnittsbelastung muß dabei des Luftwiderstandes wegen jener meines Körpers gleich sein, er muß also ziemlich groß sein.

Der Zustand des Andrucks ist dadurch gekennzeichnet, daß sich jeder Teil des Systems so weit als möglich in der Lotrichtung verschieben möchte; die Kraft, mit der er dies anstrebt, ist dem Produkt seiner Masse mit dem Andruck gleich.

Beispiele: Das Lot zeigt genau die Richtung des Andrucks an. Die Stärke, mit der es am Faden zieht, ist dem Andruck direkt proportional. Der Andruck läßt sich somit durch den Zug messen, den ein bestimmtes Gewicht auf eine elastische Feder ausübt. — Flüssigkeiten suchen so weit als möglich lotwärts zu kommen. Werden sie hieran dadurch gehindert, daß sie in einen Behälter gefüllt sind, so suchen sie diesen Behälter zu sprengen. (Seitendruck. Der Seitendruck ist dem Andruck auch proportional, was z. B. bei der Berechnung der Wandstärke meiner Rakete zu beachten ist.) Flüssigkeiten in hohen dünnen Behältern suchen diese wohl auch zu knicken (vgl. Fig. 13).

Fig. 13.

(Wenn der Behälter hermetisch verschlossen ist, kann man dies u. a. durch Prallfüllung verhindern, also indem man den Innendruck größer macht als den Außendruck.)

Im Wasser suspendierte Körper von anderer Dichte werden entgegen den Molekularkräften aus diesem gefällt, ceteris paribus um so schneller, je größer der Andruck ist. Durch den Gravitationsandruck wird z. B. die Milch in 24 Stunden entrahmt, in der Milchzentrifuge geht derselbe Vorgang in 5 bis 6 Minuten vor sich. In kochenden Flüssigkeiten steigen die Gasblasen um so schneller auf, je größer der Andruck ist, aber die mitgerissenen Flüssigkeitsteilchen fallen um so schneller wieder in die Flüssigkeit zurück, spritzen daher auch nicht höher empor usw.

Kurz, alle Erscheinungen, die wir unter dem Einfluß der Erdschwere beobachten, treten um so intensiver auf, je größer der Andruck ist, und die sie bewirkenden Kräfte sind dem Andruck proportional.

§ 7. Diskussion. Ergebnisse unserer bisherigen Untersuchungen.

Bei den Antriebsformeln lassen sich die genaueren Annäherungen, wie wir S. 19 ff sahen, mit Hilfe geringfügiger Korrekturen aus den Werten der ersten Annäherung berechnen. Da die Korrekturen so klein sind, daß sie das Wesen der Sache nicht mehr ändern, so können wir diese Formeln im Verein mit den Ausströmungs- und Wurfformeln verwenden, um an ihnen die Leistungsfähigkeit und Wirkungsweise von Raketen zu erörtern. Wir lesen daraus ab:

1. Soll eine bestimmte Rakete durch eine bestimmte dünne Luftschicht hindurchdringen und dabei einen bestimmten Impuls erhalten, so gibt es eine bestimmte Geschwindigkeit ($\bar{v}$), bei welcher der Brennstoffverlust ein Minimum wird. $\bar{v}$ ist aber noch nicht die günstigste Geschwindigkeit schlechthin, diese (v_g) bleibt vielmehr um einen geringfügigen Betrag hinter $\bar{v}$ zurück, der uns hier aber nicht weiter interessiert.

2. Aus der Formel (18) (S. 23) lesen wir ab, daß $\bar{v}$ sehr stark beeinflußt wird, wenn die Ausströmungsgeschwindigkeit c vom geforderten Rückstoß P abhängig ist. Die Formeln (4) ff. gelten nur für konstantes c.

3. Die Formel (4) können wir schreiben:

$$\left(\frac{m \cdot g}{F} : \beta\right) \cdot \frac{1}{\bar{v}\frac{d\gamma}{d\bar{v}} + \gamma} = \bar{v}^2.$$

Für $\bar{v} > 460$ m/sec wird γ konstant, $\frac{d\gamma}{d\bar{v}}$ gleich Null; $\bar{v}\,\frac{d\gamma}{d\bar{v}} = 0$ und $\frac{1}{\bar{v}\cdot\frac{d\gamma}{d\bar{v}} + \gamma}$ konstant. Nun sind alle in Frage kommenden Apparate, besonders deren Spitzen einander ähnlich, γ ist also bei allen gleich. $m \cdot g$ ist das Gewicht der Rakete, $\frac{m \cdot g}{F}$ ist also die Querschnittsbelastung, und wir können sagen:

Die günstigste Geschwindigkeit für s und ds wird lediglich vom Verhältnis der Querschnittsbelastung zur Luftdichte beeinflußt (dabei können Gewicht, Querschnitt, Querschnittsbelastung und Luftdichte selbst beliebig sein).

4. Aus (7b):

$$(t_1 - t_0) = \left(\frac{c}{g} + \frac{H}{c}\right) \ln \frac{\bar{v}_1 - \frac{2gH}{c}}{\bar{v}_0 - \frac{2gH}{c}} - \frac{c}{g} \ln \frac{\bar{v}_1}{\bar{v}_0}$$

folgt, da g und H als konstant gelten können: $(t_1 - t_0)$ hängt von c, $\bar{v}_0$ und $\bar{v}_1$, bei gegebenem c und $\bar{v}_0$ also lediglich von $\bar{v}_1$ ab. $\frac{m_0}{m_1}$ hängt bei gegebenem c und $\bar{v}_0$ ebenfalls nur von $\bar{v}_1$ ab. Desgleichen b, P/m_0, $(s_1 - s_0)$, β_0/β_1 usw. [vgl. (8a), (9a), 10a), (11)]. Wenn wir eine Tabelle berechnen, die $\bar{v}$ als Argument und die angeführten Größen als Funktionen enthält, so gilt diese Tabelle für alle Raketen mit $\bar{v}_0$ und c, ohne Rücksicht darauf, wie $\bar{v}_0$ und c zustande kommen, d. h. ohne Rücksicht darauf, wie groß das Gewicht, der Querschnitt oder die Luftdichte im einzelnen ist, oder welches die Temperatur und die Zusammensetzung des Auspuffgases ist, oder wie groß p_a/p_0, β_0 usw. im einzelnen sind.

Noch mehr: die Differentialformeln enthalten $\bar{v}_0$, s_0 usw. noch nicht. Wir konnten bei der Integration statt von $\bar{v}_0$ von jedem andern Wert von $\bar{v}$ ausgehen, sagen wir von $\bar{v}_a$, dann hätten wir die Formeln für $\bar{v}_b - \bar{v}_a$, $s_b - s_a$, $\ln \frac{m_a}{m_b}$ usw. bekommen. Nach den Regeln der Integration ist nun aber $\int_a^b dx = \int_c^b dx - \int_c^a dx$, d. h. die Tabelle gilt überhaupt für alle Raketen und jeden Brennstoff, wenn nur die Geschwindigkeit $\bar{v}$ und die Auspuffgeschwindigkeit c beträgt:

Ist die Anfangsgeschwindigkeit $\bar{v}_a$, die Endgeschwindigkeit $\bar{v}_b$, so ist die Zeit $(t_b - t_a) = (t_b - t_0) - (t_a - t_0)$. Der Brennstoffverlust folgt aus $\ln (m_a/m_b) = \ln (m_0/m_b) - \ln \left(\frac{m_0}{m_a}\right)$. Die Höhe $s_b - s_a = (s_b - s_0) - (s_a - s_0)$ usw. b (7c) wird von dieser Rechnung gar nicht berührt, denn die Beschleunigung ist ja schon der Differentialquotient der Geschwindigkeit nach der Zeit.

Ich habe zur Veranschaulichung eine Tabelle beigelegt, die diese Größen für $c = 1400$ m/sec, $H = 7200$ m angibt.

$\bar v$	$t - t_0$	b	$\log \frac{m_0}{m}$	$\frac{m_0}{m}$	$\frac{P}{m_0}$
500	0,0	11,7	0,0000	1,000	31,4
600	7,3	17,0	0,0754	1,190	30,9
700	11,9	23,3	0,134	1,362	31,4
800	16,1	30,1	0,191	1,552	31,4
900	21,5	37,8	0,240	1,738	33,0
1000	21,5	40,0	0,286	1,931	34,1
1200	25,2	64,1	0,371	2,349	35,6
1400	27,7	84,3	0,448	2,803	37,0
1500	29,0	95,0	0,486	3,062	37,2
1700	31,2	117,1	0,560	3,631	37,8
2000	33,6	153,7	0,625	4,217	41,2
2200	35,0	179,5	0,735	5,434	36,7
2400	35,9	206,0	0,808	6,427	35,1
2600	36,5	234,0	0,872	7,446	34,1
3000	38,2	291,5	1,006	10,139	29,9
3400	39,3	351,0	1,138	13,74	26,9
3800	40,3	414,0	1,267	18,49	23,4
4000	40,7	447,0	1,330	21,38	21,8
m/sec	sec	m/sec²			m/sec²

Beträgt bei einer Rakete mit $c = 1400$ m/sec z. B. $\bar v_a = 800$ m/sec; $\bar v_b = 3000$ m/sec, und wollen wir wissen, wie groß $\log \frac{m_a}{m_b}$ ist, so müssen wir $\log \frac{m_{(500)}}{m_{(800)}}$ und $\log \frac{m_{500}}{m_{3000}}$ aufsuchen und den ersten vom zweiten abziehen; es ist $\log \frac{m_a}{m_b} = 0{,}815$, also $m_a/m_b = 6{,}5$. Der Antrieb würde $38{,}2 - 16{,}1 = 22{,}1$ sec in Anspruch nehmen usf.

Fig. 15.

5. Stelle ich, wie auf S. 17 bemerkt wurde, mehrere Raketen übereinander, etwa wie Fig. 15 dies im Durchschnitt zeigt, so würde die Rechnung sehr einfach, wenn c für alle Raketen gleich, wenn $\bar v_{(\mathfrak{M}_1 + m_0 + \ldots)} = \bar v_{(m_0 + \ldots)}$ und wenn der Apparat diese Geschwindigkeit auch wirklich einhalten würde. Wir könnten in diesem Falle ohne weiteres unsere Tabelle gebrauchen. Wir könnten auch einfach ein ideales $\frac{m_0}{m_1}$ einsetzen, so daß:

$$\frac{m_0}{m_1} = \frac{\mathfrak{M}_0 + m_0 + \cdots}{\mathfrak{M}_1 + m_0 + \cdots} \cdot \frac{m_0 + \cdots}{m_1 + \cdots} \quad \text{(Vgl. S. 17).}$$

Hier erkennt man unmittelbar, daß $\frac{m_0}{m_1}$ und damit $(\bar v_1 - \bar v_0)$ beliebig groß werden kann. Bei der Teilung würde es sich empfehlen, daß jede Rakete größer ist als alle über ihr befindlichen zusammen, sonst würden die Nebeneinrichtungen, die durch die Teilung notwendig wären, zu viel wiegen. So muß z. B. jede Rakete einen besonderen Treibapparat haben u. a.

Auch für den Fall, daß $\bar{v}$ nicht eingehalten wird, erkennt man den Vorteil der Teilung, wenn man bedenkt, daß dabei weniger totes Material mitgeschleppt wird. Natürlich kann auch hier v_1/c beliebig groß werden.

Es ist aber zu bedenken, daß $\frac{\mathfrak{M}_0 + \cdot \cdot + \mu_0}{\mu_1} > \frac{m_0}{m_1}$ und schon dieser Ausdruck wächst in bezug auf $\frac{\bar{v}_1 - \bar{v}_0}{c}$ nach Art der Exponentialkurve. Wird nicht einmal die günstigste Geschwindigkeit eingehalten, so ist der Substanzverlust natürlich noch größer, und wir kommen bald zu ganz unmöglichen Zahlen. Es gibt also für v_1 schließlich doch eine Grenze.

6. Aus (8a):

$$(\bar{v}_1 - \bar{v}_0) = c \cdot \left[\ln \frac{m_0}{m_1} - 2\, g \cdot (t_1 - t_0)\right]$$

folgt: Der Antrieb $v_1 - v_0$ wird um so größer, je größer c, m_0/m_1 oder je kleiner $(t_1 - t_0)$ wird (Änderungen von g zählen in diesem Zusammenhange wenig). »Je größer m_0/m_1 wird« heißt bei gegebenem m_0 natürlich nichts anderes als: »je kleiner m_1 wird«.

7. Bei hohen Geschwindigkeiten ist $\ln(m_0/m_1)$ der Auspuffgeschwindigkeit c ungefähr umgekehrt proportional. Da hier auch $\ln(m_0/m_1)$ groß ist, ist meist viel mehr gewonnen, wenn wir c, als wenn wir m_0/m_1 vergrößern können.

Anmerkung. Es gibt ein einfaches Kriterium dafür, wann eine Vorrichtung, die die Masse der leeren Rakete vermehrt, aber c vergrößert, die Steigkraft erhöht und wann nicht.

Es sei M_0 die Masse der vollen, M_1 die Masse der leeren Rakete. μ sei die Masse der Vorrichtung, die die Ausströmungsgeschwindigkeit vergrößern soll; C sei die höhere, c die geringere Auspuffgeschwindigkeit. Mit Vx bezeichne ich den idealen Antrieb im Falle C (vgl. (19) S. 18). Mit v_x den zu c gehörigen. — Nun ist $\bar{V} > \bar{v}$, wenn $V_x > v_x$. (Die Änderung von $\int Q \cdot dt$ spielt hier keine Rolle).

$$c \cdot (\ln M_0 - \ln M_1) = v_x$$
$$C\,[:\ln(M_0 + \mu) - \ln(M_1 + \mu):] = V_x.$$

Ist $V_x > v_x$, so ist:

$$c \cdot (\ln M_0 - \ln M_1) < C \cdot [:\ln(M_0 + \mu) - \ln(M_1 + \mu):];\ \text{d. h.}$$
$$\frac{\log(M_0 + \mu) - \log(M_1 + \mu)}{\log M_0 - \log M_1} > \frac{c}{C}.$$

8. Die Festigkeit meines Apparates beruht hauptsächlich auf seinem inneren Überdruck, ähnlich wie die Festigkeit eines prall gefüllten Ballons. Ich ging bei ihrer Berechnung von den Formeln aus, die man theoretisch für die Prallfüllung aufgestellt hat und prüfte meine Berechnungen durch das Experiment, indem ich über dünnwandige Gummiblasen Leinwandsäckchen von bestimmter Form zog und das Ganze auf dem auf Fig. 16 dargestellten Apparat prüfte. A war ein 1 cm weites Glasrohr, welches gleichzeitig als Manometer diente. B ist ein Trichter, C ein Lineal, welches am Faden D senkrecht herabhängt und den Wasserstand anzeigt. E

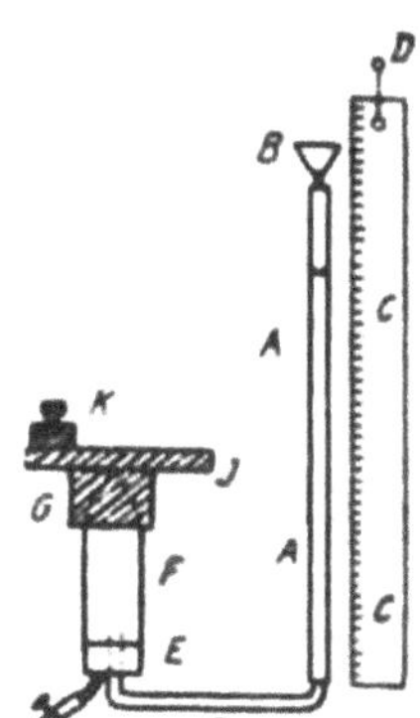

Fig. 16.

ist ein durchbohrter Korkstopfen. F ist das Säckchen. Der Rand von E wird mit Talg oder Vaselin eingeschmiert, F wird umgekehrt und mit Wasser gefüllt. Dann wird E in F gesteckt und festgebunden. Sodann dreht man das Ganze und drückt dabei E zusammen, so daß A mit Wasser gefüllt wird; dann gießt man durch B so viel Wasser, daß das Ganze die nötige Spannung bekommt. H ist ein Glasrohr mit einem Quetschschlauch, durch welches man aus F Wasser herauslassen oder Luft hineinblasen kann. G ist ein Stück aus getrocknetem Lehm, das sich der Spitze von F anpaßt. Darauf ist ein Brett I geklebt, auf welches noch weitere Gewichte K gelegt werden können.

Bezüglich des Verhältnisses zwischen Inhalt und Masse der Brennstoffbehälter gilt bei Prallfüllung folgendes:

Wachsen bei ähnlicher Form die homologen Längen auf das $a$fache, so wird die Oberfläche a^2mal, das Volumen a^3mal größer. Bei gleichbleibendem innerem Überdruck eines Kessels wachsen auch die homologen Zugspannungen um das $a$fache, so daß die Wand $a$mal dicker werden muß (wenn man davon absieht, daß dünnes Blech verhältnismäßig etwas fester ist als dickes). Die Wand des großen Kessels wiegt daher a^3mal so viel. Das Verhältnis zwischen Inhalt und Wandgewicht ändert sich also nicht.

Wächst der innere Überdruck auf das $p$fache, so wachsen auch die homologen Zugspannungen und damit das Wandgewicht auf das p-fache. Das Verhältnis zwischen Rauminhalt und Wandgewicht wird also p mal kleiner. — Da nun die Wände der Flüssigkeitsbehälter einen beträchtlichen Teil von m_1 ausmachen (vgl. S. 50 u. 57), so ist anzustreben, daß hier der innere Überdruck nicht zu groß wird.

9. Der Seitendruck der Flüssigkeiten ist dem Andruck proportional (vgl. S. 36). Bei großen Beschleunigungen müßten daher die Wände der Flüssigkeitsbehälter wenigstens unten sehr dick sein, auch müßte man sorgen, daß nicht der Fall von Fig. 13 eintritt. Dadurch würde nun m_1 groß. Es kann daher manchmal die Leistungsfähigkeit einer Rakete erhöhen, wenn v hinter $\bar{v}$ zurückbleibt, damit b und a kleiner wird (dieser Fall tritt bei der H.R. tatsächlich ein).

10. Aus (13) lesen wir ab: Bei gegebener chemischer Zusammensetzung der ausströmenden Gase ist das Verhältnis $\frac{p_d}{p_0}$ durch $\frac{F_d}{F_m}$ gegeben. Weiter: Soll $\frac{p_d}{p_0}$ kleiner werden, so muß $\frac{F_d}{F_m}$ größer werden.

11. Aus (12) folgt: Die Auspuffgeschwindigkeit ist bei gegebenem $\frac{p_d}{p_0}$ und $\varkappa$ um so größer, je größer $p_0 \cdot V_0$ ist. $p_0 \cdot V_0$ ist von p_0 unabhängig und um so größer, je geringer von Natur aus das spezifische Gewicht des ausströmenden Gases und je höher seine Temperatur ist. Am schnellsten strömt Wasserstoff aus.

12. Aus (13) folgt: Mit wachsendem $\varkappa$ muß $\frac{F_d}{F_m}$ kleiner oder $\frac{p_d}{p_0}$ größer werden. Strömen durch dieselbe Düse verschiedene Ge-

mische zwei- und dreiatomiger Gase, alle unter demselben Innendruck p_0 (vgl. S. 29), so wird bei größerem $\varkappa$ p_d geringer.

13. Aus (12) folgt: c wird um so größer, je kleiner wir $\frac{p_d}{p_0}$ machen können. p_d ist gegeben, und zwar bei der A.R. durch β, bei der H.R. durch P und soll hier gar nicht zu klein sein. p_0 wieder darf nicht zu hoch wachsen, sonst müßten die Metallteile und daher m_1 zu groß werden. Vgl. hierzu 6 und 7.

14. Aus 6 und aus (19) (S. 18) folgt: $(\bar{v}_1 - \bar{v}_0)$ ist bei gegebenem $v_x = c \cdot \ln \frac{m_0}{m_1}$ um so größer, je kleiner $(t_1 - t_0)$ ist; aus der Tabelle folgt: $(t_1 - t_0)$ ist bei gegebenem $(\bar{v}_1 - \bar{v}_0)$ um so kleiner, je größer $\bar{v}_0$ ist [daß dies ganz allgemein gilt, kann man erkennen, wenn man für $\bar{v}_1 - \bar{v}_0$ eine neue Größe, sagen wir n, einführt und in (7a) $\bar{v}_1$ durch $(\bar{v}_0 + n)$ ersetzt und dann $(t_1 - t_0)$ nach $\bar{v}_0$ differenziert und beachtet, daß $\bar{v}_0 > \frac{2gH}{c}$. Es ist $\frac{\partial (t_1 - t_0)}{\partial \bar{v}_0} < 0$]. Damit also der Verlust an Antrieb $\int_{t_0}^{t_1} \frac{Q}{m} \cdot dt \approx 2g \cdot (t_1 - t_0)$ nicht zu groß wird, muß $\bar{v}_0$ nicht zu klein sein. Nach 3 ist $\bar{v}_0$ groß: A) wenn β_0 klein ist, (Näheres hierüber bringt 15), B) wenn die Querschnittsbelastung groß ist. Diese ist groß: a) wenn die Rakete lang ist, b) wenn ihr spezifisches Gewicht groß ist.

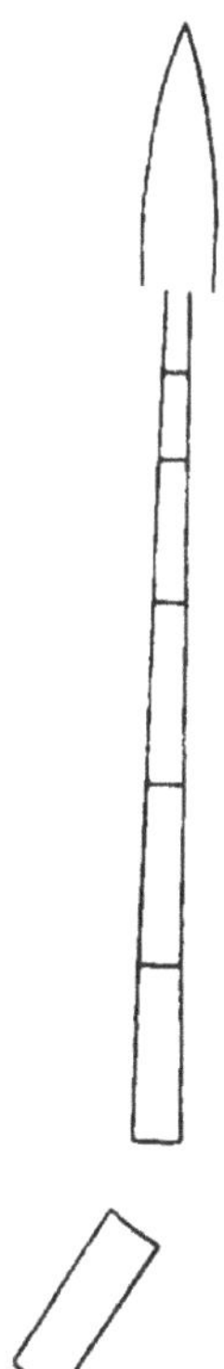

Fig. 17.

a) Wählen wir die Rakete lang, so müssen wir Sorge tragen, daß sie durch den Luftwiderstand L nicht geknickt wird. Das können wir erreichen:

α) Indem wir das Gas oben ausströmen und die Brennstoffbehälter wie einen Schwanz in der Mitte herabhängen lassen (vgl. Fig. 17). Diese Konstruktion hätte aber verschiedene Nachteile.

β) Wollen wir dagegen die Auspuffgase unten ausströmen lassen (vgl. Tafel I und Figg. 4, 18, 19), so müssen wir die Kraft des Rückstoßes P so ansehen, als ob sie etwas über dem Verbrennungsraum angreifen würde. Die Komponenten der Innenspannung der Behälter halten sich gegenseitig das Gleichgewicht, so daß wir diese Behälter als ein geschlossenes System ansehen können. Auf dieses System wirken nun die Drucke $p \cdot dF$. (Vgl. Fig. 18). Ihren Angriffspunkt finden wir, wenn wir uns durch den Verbrennungsraum eine wagerechte Ebene gelegt denken und nach oben zu parallel der Achse Linien ziehen. Wo diese zum erstenmal auf Metall treffen, da haben wir den Punkt, von dem aus das Metall den Zug an die Mantelfläche weiter gibt. Wir können also die Drucke $p_0 \cdot dF$ so betrachten, als ob sie in derselben Ebene mit

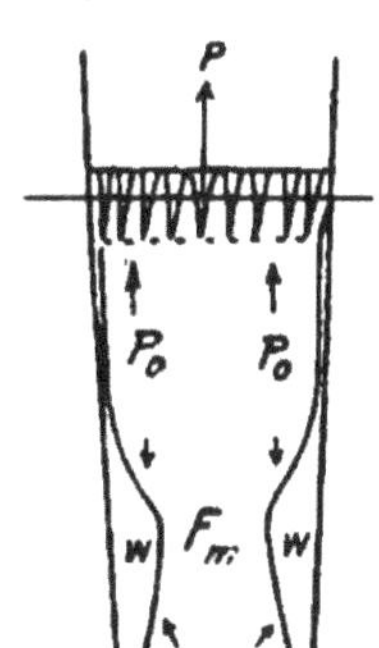

Fig. 18.

dem Zerstäuber und seitlich davon angreifen würden. Nun erhält zwar auch die Wand der Düse zwischen F_m und F_d einen Druck nach oben, dieser ist aber offenbar geringer als der Druck, den der Wulst W nach unten erfährt.

Nun greift der Luftwiderstand L an der Spitze an, der Widerstand gegen die Beschleunigung $-(R + G)$ im Schwerpunkt, die Kraft P unten. Außerdem hat der Luftwiderstand die unangenehme Nebenwirkung, daß er bei der geringsten seitlichen Drehung die Rakete sofort ganz wagerecht stellen möchte und ein fortwährendes Schlingern anstrebt. Dem kann man nur abhelfen, wenn man geeignete Schwanzflossen w anbringt. Diese wieder suchen das rückwärtige Ende festzuhalten, während der Luftwiderstand das vordere Ende verbiegt, so daß die auftretenden Kräfte ununterbrochen danach streben, die Rakete, wie Fig. 20 zeigt, zu knicken. Damit dies nicht geschieht, müßte bei einer langen und dünnen Rakete nach 8 entweder der Überdruck sehr hoch sein, wodurch m_1 groß würde, oder die Rakete müßte durch Metallstücke versteift sein, dadurch würde in unserem Falle m_1 erst recht zu groß. Wollen wir hier $\frac{m_0}{m_1}$ groß halten, so bleibt uns nichts anderes übrig, als daß wir auch den Durchmesser, also die Masse der Rakete entsprechend groß wählen, damit p kleiner werden kann.

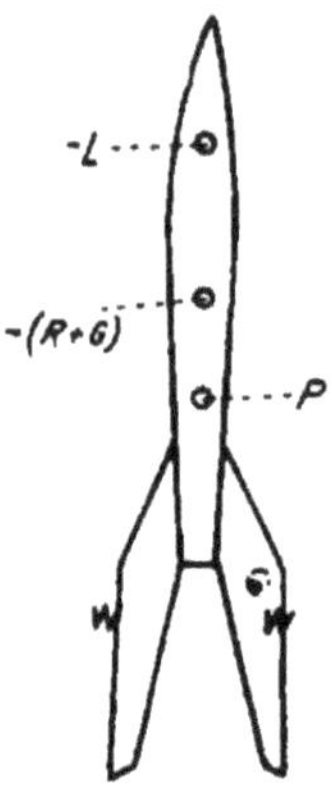

Fig. 19.

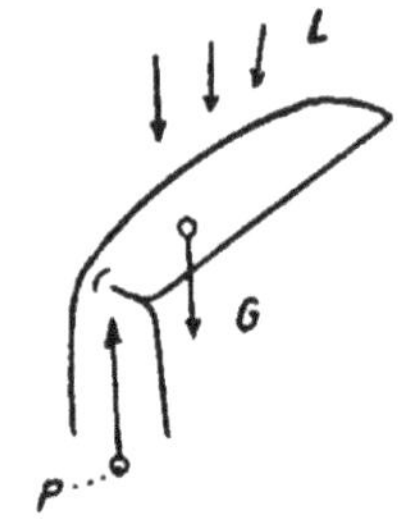

Fig. 20.

b) Bei kleinen Geschwindigkeiten, also bei großer Luftdichte und großem $(t_1 - t_0)$ empfiehlt es sich daher, $\bar{v}_0$ und $\frac{m_0}{m_1}$ auf Kosten von c zu vergrößern. Bei meinem Apparat ist z. B. die untere Rakete mit Alkohol und flüssigem Sauerstoff, die obere mit flüssigem Sauerstoff und flüssigem Wasserstoff gefüllt. Bei der A.R. ist c natürlich viel geringer als bei der H.R. (1530 bis 1700 m/sec gegen 3800 bis 4200 m/sec). Dafür ist aber die Füllung spezifisch 8mal schwerer. Wollte ich beim Modell B die A.R. durch eine einzige Wasserstoffrakete ersetzen, so könnte ich das überhaupt nicht mehr recht. (Näheres hierüber in 16.) Wollte ich statt der A.R. zwei Wasserstoffraketen verwenden, so würde der ganze Apparat ca. 5mal so lang, also 125mal so voluminös und 18mal so schwer.

15. Machen wir die äußere Luftdichte $n$mal kleiner, mit andern Worten, heben wir die Rakete vor der Abfahrt entsprechend hoch empor, so erreichen wir folgende Vorteile:

a) $\bar{v}_0$ wird größer, oder bei gleichem $\bar{v}_0$ wird die Querschnittsbelastung $n$mal kleiner, die Abnahme von Masse und Brennstoffverbrauch ist also von der Größenordnung n^3 (Modell B ist so berechnet, daß es von 5500 m Höhe über dem Meeresspiegel abfahren kann. Der Apparat wird vorher — etwa an einem Seil, welches an zwei Luftschiffen hängt (vgl. Fig. 21) — auf diese Höhe gehoben. Sollte es vom Meeresspiegel abfahren, so müßte es, da hier β doppelt so groß ist, doppelt so lang, also 8 mal so groß und schwer sein.

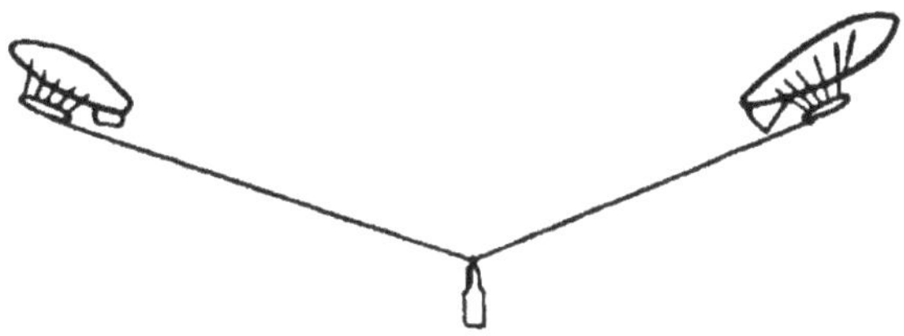

Fig. 21.

b) Da der Luftwiderstand pro Flächeneinheit des Querschnittes n mal geringer ist, braucht nach 8 bei ähnlicher Form der Innendruck der Flüssigkeitsbehälter nur $1/n$ mal so groß zu sein, und m_1 wird dadurch verhältnismäßig geringer. Haben wir keine Veranlassung, den Innendruck kleiner zu machen, so können wir die Rakete schmäler machen und Brennstoff sparen.

c) Wäre das bei F_d ausströmende Gas in beiden Fällen von gleicher Temperatur und Zusammensetzung und würde es mit der Geschwindigkeit c strömen, so würde sich das Verhältnis zwischen dem größten Querschnitt F und dem Mündungsquerschnitt F_d nicht ändern (vgl. S. 28): Es ist nämlich jetzt F n^2 mal geringer. c soll gleich bleiben, β und p_d sind n mal kleiner, daher das spezifische Volumen des Auspuffgases n mal größer, $\frac{dm}{dt}$ ist n^3 mal, das absolute Volumeu n^3/n mal kleiner. F_d müßte also auch n^2 mal kleiner werden (ebenso wie F).

Nun ist aber in Wirklichkeit bei gleichem p_0 $\frac{\beta_0}{p_0}$ n mal kleiner, desgleichen $\frac{p_d}{p_0}$ (opt) (da ja P/β gleich bleibt), also wächst nach (12) c, und F_d muß kleiner werden. — Bleibt T_0 in beiden Fällen gleich, so ist die absolute Temperatur und das spezifische Volumen des Auspuffgases im zweiten Falle $n^{\frac{\varkappa-1}{\varkappa}}$ mal geringer; $\frac{F_d}{F}$ müßte also noch kleiner werden. — $\frac{F_d}{F_m}$ würde nach 10 größer, $\frac{F_m}{F} = \frac{F_d}{F} : \frac{F_d}{F_m}$ würde also erst recht kleiner. Dies bringt einen Vorteil: Die Brennstoffe bleiben länger im Ofen, dieser kann (absolut genommen) kürzer sein.

Wollte man sich des Vorteils: $\frac{p_d}{p_0}$ kleiner zu machen, begeben, so würde p_0 und damit das Gewicht des Treibapparates geringer. Allerdings würde dann auch c etwas kleiner, da nun bei gegebenem T weniger Kühlstoff nötig ist (vgl. S. 27). Zwischen beiden Wegen gibt es ein Optimum, das sich mit Hilfe des Kriteriums 7 finden läßt.

16. Nun will ich, wenn auch nur roh, andeuten, warum sich bei sehr geringer Luftdichte die Wasserstoffrakete als überlegen erweist.

a) Wir sahen, daß $\frac{m_0}{m_1}$ um so größer werden kann, je kleiner β_0 wird. Bezeichnen wir mit br das Gewicht der Brennstoffe, mit m_1

das der leeren Rakete, so gilt ungefähr $\frac{br}{m_1} = \frac{k}{\beta_0}$ wobei k ein Proportionalitätsfaktor ist. Nun ist bei einer Alkoholrakete die Füllung spezifisch q mal schwerer. Verwende ich für die A.R. große, für die H.R. kleine Buchstaben, so kann ich nach dem unter 8 Gesagten schreiben:

$$\frac{Br}{M_1} = q \cdot \frac{br}{m_1}.$$

Weiter ist nach (8a), (3) und 14 in dünner Luft

$$(\bar{v}_1 - \bar{v}_0) \sim \dot{v}_x,$$

und nach (19)

$$V_x = C \cdot \ln \frac{M_1 + Br}{M_1} = C \cdot \ln\left(1 + \frac{Br}{M_1}\right) = C \cdot \ln\left(1 + q \cdot \frac{br}{m_1}\right)$$

$$v_x = c \cdot \ln\left(1 + \frac{br}{m_1}\right).$$

Ist $V_x < v_x$, so ist:

$$C \cdot \ln\left(1 + q \cdot \frac{br}{m_1}\right) < c \cdot \ln\left(1 + \frac{br}{m_1}\right)$$

$$\frac{\ln\left(1 + q \cdot \frac{br}{m_1}\right)}{\ln\left(1 + \frac{br}{m_1}\right)} < \frac{c}{C}.$$

c/C ist eine gegebene Zahl. In diesem Falle nimmt also die Wasserstoffrakete durch das Ausstoßen aller Brennstoffe eine höhere Geschwindigkeit an. Um diese Formel zu diskutieren, beachten wir, daß für kleines $\frac{br}{m_1}$:

$$\frac{\ln\left(1 + q \frac{br}{m_1}\right)}{\ln\left(1 + \frac{br}{m_1}\right)} \sim q.$$

Da nun $q > \frac{c}{C}$, so empfiehlt sich hier die Alkoholfüllung. Weiter ist:

$$\frac{\ln\left(1 + q \frac{br}{m_1}\right)}{\ln\left(1 + \frac{br}{m_1}\right)} < \frac{\ln\left(1 + \frac{br}{m_1}\right) + \ln q}{\ln\left(1 + \frac{br}{m_1}\right)} = 1 + \frac{\ln q \cdot}{\ln\left(1 + \frac{br}{m_1}\right)}.$$

Hier ist $\ln q$ eine Konstante, $\ln\left(1+\frac{b\,r}{m_1}\right)$ wächst von 0 bis ∞, wenn $\frac{b\,r}{m_1}$ wächst. Der ganze Ausdruck nähert sich mit wachsendem $\frac{b\,r}{m_1}$ d. h. mit abnehmendem β_0 dem Wert 1, muß also einmal kleiner als $\frac{c}{C} > 1$ werden. Dies gilt natürlich erst recht für den kleineren Ausdruck $\frac{\ln\left(1+q\frac{b\,r}{m_1}\right)}{\ln\left(1+\frac{b\,r}{m_1}\right)}$; die Wasserstoffrakete empfiehlt sich also aus diesem Grunde immer mehr, je kleiner β_0 wird.

b) Wegen des geringen spezifischen Gewichtes der Füllung der H.R. ist der Seitendruck gering. Dies ist ein wichtiger Vorteil, weil dadurch die Beschleunigung größer werden kann (vgl. 9) und der Antrieb weniger lange dauert (vgl. 6).

c) Ist $m_1 = M_1$, so ist $M_0 > m_0$. Dieser Umstand bewirkt folgendes: Soll die Rakete z. B. Registrierinstrumente von bestimmtem Gewicht mitnehmen, soll sie aber andernteils durch eine andere Rakete emporgehoben werden und darum nicht zu schwer sein, so kann sich die Wasserstoffüllung bereits dann empfehlen, wenn eine Alkoholrakete von gleichem Leergewicht noch mehr leisten würde. Würden wir bei Modell B die H.R. durch eine Alkoholrakete ersetzen, die dasselbe Volumen hat, so könnte diese zwar etwas mehr leisten. Bei gleicher Gesamtleistung müßte der neue Apparat aber mindestens 5mal so schwer sein, wie Modell B, und wir ersparen mit jedem kg Wasserstoff rund 200 kg Alkohol und 420 kg Sauerstoff.

d) Endlich ist noch das Verhalten der Metalle bei der Temperatur des flüssigen Wasserstoffs zu beachten. Sie werden alle hart und spröde. Lege ich nun einen Würfel von 2 cm Kantenlänge auf den Tisch und lege darauf mit der Mitte einen 1 cm dicken und 50 cm langen Glasstab und versuche, die beiden Enden so weit herabzubiegen, daß sie den Tisch berühren (vgl. Fig. 22), so zerbricht der Glasstab. Mit einem Glasfaden von 0,1 mm Durchmesser (man erhält ihn, wenn man glühendes Glas rasch auseinanderzieht), gelingt der Versuch ohne weiteres. Bei der Rakete werden nun stets infolge des wechselnden Luftwiderstandes und Innendruckes usw. Biegungen eintreten. Sie ließen sich theoretisch zwar durch richtige Berechnung der Materialstärke an jedem Punkte fast ganz vermeiden, doch würden bei der technischen Ausführung immer noch gewisse Unvollkommenheiten bestehen bleiben. Die hauptsächlichsten Biegungen stehen zur Gesamtgröße des Apparates in einem bestimmten Verhältnis, sind also bei sprödem Material um so ungefährlicher, je dünner die Wände sind.

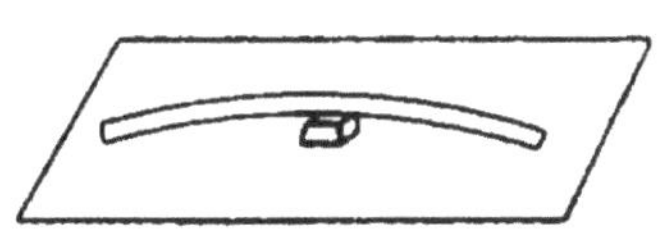

Fig. 22.

Ist das Material vor dem Zerbrechen geschützt, so bringt die tiefe Temperatur aber auch einen Vorteil: die Zugfestigkeit und damit $\frac{m_0}{m_1}$ wächst bedeutend.

17. Wäre die Rakete nicht der Erdanziehung und dem Luftwiderstand ausgesetzt, so stände es vollkommen in unserem Belieben, wie groß wir das Verhältnis $\frac{m_0}{m_1}$ nehmen wollen. Je geringer Luftdruck und Schwere sind, um so leistungsfähiger ist die Rakete; die Rakete ist der gegebene Apparat, um in die Planetenräume einzudringen.

18. Aus den Formeln (16) und (17) folgt: Die Steighöhe hängt nicht von der Masse und der Natur eines Körpers, sondern nur von seiner Geschwindigkeit v_1 ab. An (17) und (17a) interessiert uns der Nenner. Er besagt: Die Steighöhe ist nur dann endlich, d. h. der Körper kann nur dann auf die Erde zurückfallen, wenn $v_1^2 < 2 \cdot g_1 \cdot h_1$. Die parabolische Geschwindigkeit: $\sqrt{2 \cdot g_1 \cdot h_1}$ beträgt z. B. in 70 km Höhe über dem Äquator rund 11160 m/sec.

19. (16), (17) und (17a) besagen noch: bei meiner Rakete spielt neben h und der vollen Geschwindigkeit $\bar{v}_1$ noch die geographische Breite des Aufstiegsortes eine Rolle. Eine (geringe) Rolle spielt es auch, ob $\bar{v}_1$ die günstigste Geschwindigkeit bei h war oder ob diese größer hätte sein müssen.

20. Wir könnten nun noch untersuchen, welcher Aufstiegswinkel, d. h. welche Richtung von $\mathfrak{v}_1$ für die Rakete am günstigsten ist. $\mathfrak{v}_1$ ist die Resultante von $\bar{\mathfrak{v}}_1$ und $\mathfrak{w}$. Die Rakete kommt [nach (16)] am höchsten, wenn $v_1^2 - v_2^2$ möglichst groß ist. v_2 ist dann ein Minimum, wenn die Ellipse möglichst lang gestreckt ist (2. Keplersches Gesetz), d. h. wenn $\bar{\mathfrak{v}}_1$ senkrecht steht, aber v_1 ist (wegen der Erddrehung) ein Maximum, wenn $\bar{\mathfrak{v}}_1$ wagerecht und gegen Osten gerichtet ist. Das Optimum wäre eine gewisse Neigung gegen Osten (α). Sie ist bei kleinen Geschwindigkeiten gering, bei großen dagegen (weil hier die Ellipse sowieso langgestreckt wird) beträchtlich. Bei der parabolischen Geschwindigkeit müßte $\bar{\mathfrak{v}}_1$ wagerecht gegen Osten zu liegen. Den Winkel α könnten wir etwa finden, wenn wir in (17) v_1 nach dem Kosinussatz berechnen und irgendwie das Optimum suchen würden. Nun ist aber im Hinblick auf Modell B zu bemerken:

α) Diese Neigung gegen Osten würde recht komplizierte Präzisionsinstrumente nötig machen, und deren Gewicht allein könnte die Masse der kleinsten Rakete (denn diese müßte sie doch tragen) leicht so weit vergrößern, $\ln \frac{m_0}{m_1}$ also so verkleinern, daß die Steighöhe gar keinen Zuwachs erfährt.

β) Wollten wir die Rakete erst über die Atmosphäre steigen lassen und ihr erst dann einen seitlichen Antrieb geben, so würden wir einen Antrieb von 1 bis 2 km/sec verlieren, um dafür im besten Falle nicht ganz 470 m/sec einzutauschen. Wollten wir die Rakete aber von Anfang an schräg auffliegen lassen, so müßte sie zu lange gegen den Luftwiderstand ankämpfen. Das würde einen kleinen Apparat, dessen Geschwindigkeit unten nahe an $\bar{v}$ heranreicht (wie z. B. Modell B), etwa 3—4mal mehr aufhalten, als an Antrieb gewonnen würde.

γ) Schließlich wollen wir auch den ersten Apparat nicht zu kompliziert machen, um das Gelingen der ersten Versuche nicht zu vielen Zufälligkeiten auszusetzen. — Sollten einmal die Aufstiegsverhältnisse besser erforscht sein, wäre weiter die Rakete so groß, daß das Gewicht der Regulierapparate keine nennenswerte Rolle mehr spielt, und sollte aus irgendeinem Grunde die Geschwindigkeit weit hinter $\bar{v}$ zurückbleiben, so wäre allerdings eine Neigung gegen Osten anzustreben. Besonders wenn vielleicht gar nicht eine große Steighöhe, sondern etwa eine große Horizontalgeschwindigkeit $\bar{v}_2$ verlangt werden sollte.

21. Es wird vielleicht gut sein, die einschränkenden Voraussetzungen, die wir gemacht haben, zusammenzufassen. Die abgeleitete Theorie gilt natürlich nur für den Fall, daß 1. c konstant ist; 2. daß die Rakete mit der Geschwindigkeit fährt, bei der der Luftwiderstand gleich der Schwere wird, und daß die Widerstandsziffer konstant ist; 3. daß die Rakete senkrecht aufsteigt; 4. daß flüssige Brennstoffe verwendet werden, und 5. endlich, daß die Rakete ihre Festigkeit hauptsächlich durch Prallfüllung erhält. Wir durften diese einschränkenden Voraussetzungen machen, da diese Forderungen beim Modell B alle erfüllt sind[1]).

Aus unseren Formeln lassen sich natürlich noch viele zum Teil recht interessante Dinge herauslesen. Ich will diese theoretische Abhandlung nun aber beschließen und nur noch kurz die hauptsächlichsten Forderungen wiederholen, zu denen wir auf Grund unserer Formeln gekommen sind:

a) Möglichst hohe Querschnittsbelastung.

b) Möglichst hochgelegener Aufstiegsort.

c) Möglichst dünne Wände, möglichst wenig Metallteile, möglichst hoher Wert $\frac{m_0}{m_1}$, nicht zu hoher Innendruck, besonders nicht in den Flüssigkeitsbehältern, Vermeidung stoßartiger Beschleunigungen.

d) Kombination mehrerer Raketen.

e) Die Ausströmungsgeschwindigkeit so hoch als möglich, die Temperatur im Verbrennungsraum möglichst hoch, spezifisch leichte Treibgase verwenden, kleiner Wert für $\frac{p_d}{p_0}$, p_0 möglichst konstant halten.

f) Kleine Apparate sollen senkrecht aufsteigen.

g) Die Geschwindigkeit muß sich regeln lassen, die günstigste Geschwindigkeit muß möglichst genau eingehalten werden u. a. m.

Diese Forderungen stehen vielfach zueinander im Gegensatz. Sache der Konstruktion ist es, zwischen allen das Optimum zu finden.

---

[1]) Anmerkung. Wie aber diese Theorie ein gutes Gerüst für allgemeinere Überlegungen abgibt, so kann man auch die Ergebnisse dieser Diskussion leicht für andere Fälle erweitern.

II. Teil.

Beschreibung von Modell B; Diskussion der technischen Durchführung.

(Vgl. hierzu Tafel I und II am Ende des Buches.)

§ 8. Vorbemerkungen.

Um zu zeigen, daß Apparate der genannten Art möglich sind, wird es am zweckmäßigsten sein, einen derartigen Apparat zu beschreiben. Wie ich schon eingangs sagte, werde ich dabei nicht auf Einzelheiten eingehen; ich möchte sogar bemerken, daß die Beschreibung, wie ich sie hier bringe, mehr demonstrativen Zweck hat. Es soll möglichst anschaulich gezeigt werden, wie sich die abgeleiteten Grundsätze in die Praxis umsetzen lassen. In Wirklichkeit würde ich in mehreren Punkten von der hier angegebenen Konstruktion abweichen. Die Abweichungen zu begründen, wäre mir im Rahmen dieser Schrift nicht möglich. Bei meinen Zeichnungen habe ich auch nur das Notwendigste angegeben. Ich zeichnete einfach einen Längsschnitt durch beide Raketen von der Schnittfläche aus gesehen und zwei Querschnitte; die wagerechten strichpunktierten (—·—·—·) Linien zwischen Längs- und Querschnitt, die mit griechischen Buchstaben bezeichnet sind, geben an, wo der Querschnitt liegt. Was zur A.R. gehört, habe ich mit schwarzer Tusche, was zur H.R. gehört mit roter Tusche gezeichnet.

Das Modell B hat den Zweck, die Höhe, Zusammensetzung und Temperatur der Erdatmosphäre zu erforschen, die Kurve für γ genauer kennen zu lernen und unsere Berechnungen über c, T, p usw. (besonders für die H.R.) zu bestätigen und zu verbessern.

Der eigentliche Apparat besteht, wie schon erwähnt, aus der A.R. und der H.R. Er ist 5 m lang, 55,6 cm dick und wiegt 544 kg. Davon kommen 6,9 kg auf die H.R. Dazu kommt noch eine Hilfsrakete (vgl. S. 63).

Bezüglich des Baumaterials ist zu sagen: Die Materialfrage betrachte ich hier noch nicht als definitiv gelöst. Die Konstruktion ist zwar in der angegebenen Weise ausführbar, doch ließen sich wahrscheinlich noch bedeutende Verbesserungen erzielen. Das Material ist hier hauptsächlich auf Zug beansprucht. Ich habe bei der A.R. an eine Aluminiumlegierung gedacht, die das spez. Gewicht 3,0 g/cm^3 und die Zugfestigkeit von 30 bis 32 kg pro mm^2 hat.

Da die Beanspruchung nur $^1/_2$ Minute lang dauert (vgl. die Tabelle zu 7, 4) und es sich durchwegs um dünne Stücke handelt, könnte mit der Beanspruchung auf 20 kg pro mm² gegangen werden. — Genau dasselbe Verhältnis m_0/m_1 würde ich (bei anderer Dicke der festen Teile) bekommen, wenn ich meinen Berechnungen irgendein anderes Material zugrunde gelegt hätte, bei dem ein Draht von 1 mm² Querschnitt ebenfalls mit 6,7 Kubikdezimetern derselben Substanz belastet werden darf (vgl. 7, 8). Könnte er mehr tragen, so würde m_1 kleiner, m_0/m_1 größer. Hielte er weniger aus, so müßte m_0/m_1 kleiner werden.

Der Sauerstoffbehälter müßte innen mit einer Legierung aus Kupfer und Blei ausgekleidet sein, die sich bei der Abkühlung auf —170° bis —180° C im selben Maß zusammenzieht, wie die Aluminiumlegierung. An den Stellen, wo die Scheidewand zwischen sehr verschieden warmen Teilen an die Mantelfläche stößt, müßte diese eine Strecke weit einen Wärmeschutz tragen. Würde nämlich der Übergang vom warmen zum kalten Teile auf einer zu kurzen Strecke erfolgen, so würden gewisse ungehörige Zugspannungen (wie sie z. B. auch zum Zerspringen von Gläsern führen, in die man unvermittelt etwas Heißes füllt) den Apparat gefährden. — Die Metallteile, die mit dem Feuer in Berührung kommen, müßten aus reinem Kupfer sein. Für die Wände des Zerstäubers würde bei häufigen Aufstiegen reines Silberblech weniger kostspielig sein als Kupfer. Da es nämlich vom Feuer und vom Sauerstoff nicht angegriffen wird, könnte es öfter benutzt werden, ev. vom alten auf einen neuen Apparat genommen werden. Dadurch wäre dann die mißliche Arbeit des Ausbohrens der Poren nur einmal vorzunehmen.

Besonders schwierig gestaltet sich die Materialfrage bei der H.R. Am besten scheint mir noch reines Blei zu sein, welches bei dieser Temperatur gutem Stahl ähnlich wird. Auch Kupfer oder sehr weiches Eisen dürfte sich bewähren. — Um hier das Beste zu finden, sind aber noch die gründlichsten Arbeiten notwendig.

Ich habe auch beim Material der H.R. angenommen, daß ein Draht von 1 mm² Querschnitt mit 6,7 Kubikdezimetern des Materials belastet werden kann.

§ 9. Die Alkoholrakete.

Allgemeines: $s_0 = 7700$ m (bis 5500 m wird der Apparat durch Luftballons (vgl. Fig. 21) gehoben, 2200 m braucht die Hilfsrakete, um die Geschwindigkeit $\bar{v}_0$ zu erreichen.

$$16{,}5\ \mathrm{kg/cm^2} < p_0 \leqq 20\ \mathrm{kg/cm^2}.$$

Brennstoffe: 341,5 kg Wasser, dem 45,8 kg Alkohol beigemischt sind; 1,67 kg rektifizierter Alkohol; 98,8 kg flüssiger Sauerstoff oder die entsprechende Menge stickstoffhaltiger flüssiger Luft. In diesem Falle braucht es (vgl. S. 29) weniger Wasser.

$$1700^0\,\mathrm{C} < T_0 < 1750^0\,\mathrm{C}$$

$$p_d \sim \beta_0 \sim 0{,}39\ \mathrm{kg/cm^2}.$$

Düsenverhältnisse:

$$F_d/F = 0{,}329;\ F_d/F_m = 5{,}86;\ d/d_m = \sqrt{5{,}86} = 2{,}42$$

$$d = 55{,}6\sqrt{0{,}329} = 29{,}9\,\text{cm};\ d_m = 29{,}9/2{,}42 = 12{,}35\,\text{cm}.$$

Auspuffgeschwindigkeit: Wir würden nach § 4, (12) c etwas größer als 1800 m/sec finden. Durch die Unvollkommenheiten der Ausführung wird c wahrscheinlich auf etwas über 1600 m/sec herabgesetzt. Um für die Leistungsfähigkeit eine untere Grenze zu finden, setzte ich c zunächst nur gleich 1400 m/sec, in Wirklichkeit ist aber c und damit die Leistungsfähigkeit bestimmt größer.

Größter Durchmesser der Rakete: 55,6 cm. Der Alkohol-Wasserbehälter steht unter einem Überdruck von 3 Atm. Ebenso der in diesem ausgesparte Raum für die H.R. Der Sauerstoffbehälter steht unter einem Druck von $p_0 + 1{,}5$ Atm. Der Druck wird bei Flüssigkeitsentnahme dadurch aufrecht erhalten, daß ein Teil der Flüssigkeit verdampft.

Wandstärke des Treibapparates: 2,35 mm. Wandstärke des Sauerstoffraumes: 2,8 mm. Gewicht des Treibapparates 16,2 kg. Gewicht des Sauerstoffbehälters 10 kg. Gewicht der Pumpen 8 kg. Gewicht der Flossen 4 kg. Gewicht der Spitze usw. (Wandstärke ungefähr 0,4 mm) 6 kg. Gewicht des Zerstäubers 3 kg. Alle übrigen Teile wiegen zusammen 4 kg.

$$\mathfrak{M}_1 + \mathfrak{m}_0 = 56{,}2\,\text{kg}.$$

$$\frac{\mathfrak{M}_0 + \mathfrak{m}_0}{\mathfrak{M}_1 + \mathfrak{m}_0} = \frac{544}{56{,}2} = 9{,}7.$$

Wir wollen dies Verhältnis aber nur gleich 9 setzen.

Querschnittsbelastung der gefüllten Rakete: 0,225 kg/cm².

$$\bar{v}_0 = 500\,\text{m/sec};\quad \bar{v}_1 = 2800\,\text{m/sec bis } 2900\,\text{m/sec}.$$

Querschnittsbelastung am Ende: 0,0232 kg/cm².

Die Brenndauer beträgt 36 bis 40 Sekunden; während der ersten 15 bis 20 Sekunden wird $\bar{v}$ genau eingehalten, später bleibt der Apparat hinter diesem Wert zurück, und zwar so, daß $p_0 \leqq 20$ Atm. bleibt. Daraus folgt (für $c = 1400$ m/sec): $P/\mathfrak{M}_0 = 34$ m/sec. In einer Sekunde wird die Masse ausgestoßen:

$$12{,}01\,\text{kg/sec} < \frac{d\,m}{d\,t} < 13{,}21\,\text{kg/sec}.$$

Die Verbrennung geschieht auf folgende Art (vgl. Zeichnung Nr. 2): Im Raume A reichen Rohre C, die unten 2,5, oben 3,6 cm weit sind, nicht ganz bis zur Decke. Zwischen diesen Rohren befindet sich rektifizierter Alkohol, der dadurch zum Sieden gebracht wird, daß die Pumpe, die ich mit $m\,n$ andeutete, in ein geeignetes Röhrennetz heißes, sauerstoffhaltiges Gas pumpt, das im Alkohol in feinen Bläschen aufsteigt. Der Alkoholdampf entweicht durch die Rohre C. In diese ragen aus dem Sauerstoffraum zapfenartige Rohre D, deren Wand durchlocht ist, wie ich dies S. 24 angegeben habe. Der Druck in A beträgt etwas über p_0 Atm., im Sauerstoffraum beträgt er $p_0 + 1{,}5$ Atm., so daß der Sauerstoff in feinen Strahlen ausspritzt. Am Ende tragen diese Rohre einen Zündkörper G, so daß die Mischung in Brand gerät. Da viel mehr Sauerstoff ausströmt, als zur Verbrennung notwendig wäre, so erhalten wir ein Gas, welches 95% Sauerstoff enthält und bei 20 Atm. etwa 700° warm ist. Die Rohre C setzen sich im Raum B fort (E). Hier umgibt sie von außen das Alkoholwasser, welches durch enge Poren in dünnen Strahlen hineingepreßt wird und hier verbrennt.

Beschreibung der Alkoholrakete[1]): Die Spitze a bildet einen besonderen Teil des Apparates, sie ist wie ein Hut über die beiden Raketen gestülpt und wird durch elastische Federn (die Dynamometer b, b') festgehalten. Sie besteht aus zwei symmetrischen Teilen; sind die Brennstoffe erschöpft, so lockern sich die Bindungen zwischen diesen Teilen und der Spitze und den Dynamometern, und die beiden Hälften fallen auseinander, sobald die H.R. zu arbeiten beginnt. Das scheint kompliziert, ist aber in Wirklichkeit ziemlich einfach. Doch möchte ich die Einzelheiten noch für mich behalten. Im Innern befinden sich luftgefüllte Hohlräume (c), die die Spitze vor dem Untersinken schützen sollen, falls sie ins Wasser fällt. Da sich die Luft vor der Spitze bei 2000 bis 3000 m/sec schon stark erwärmt, muß im Raum c auch irgendeine einfache Kühlvorrichtung (etwa ein Windrad) sein (nicht gezeichnet). Ihre Arbeit wird dadurch erleichtert, daß die Lufträume innen von eben verdampftem Wasserstoff berührt werden, der von der Düse der H.R. aus an der H.R. aufsteigt, hier um die dünne Wand d umbiegt und bei K durch eine Art Sicherheitsventil seinen Ausweg ins Freie findet. Der Raum, der die H.R. aufnehmen soll, hat 30 cm Durchmesser, während der Durchmesser der H.R. nur 25 cm beträgt, so daß rings herum ein 2,5 cm breiter Raum bleibt, der mit Wasserstoffgas gefüllt ist und durch d nochmals geteilt wird. Die Lufträume würden sich der Spitze der H.R. vollkommen anschließen, wenn diese nicht 1 cm tiefer liegen würde. Die Polster (f) sind notwendig, weil die H.R. bei ihrer tiefen Temperatur beim geringsten Anstoß zersplittern müßte. Zwischen den Polstern muß natürlich Platz für den entweichenden Wasserstoffdampf freibleiben. e ist der Behälter für das Alkoholwasser. Es befindet sich darin ein Schwimmer g, über dessen Zweck wir noch sprechen werden. Der Druck in e beträgt 3 Atm., er wird dadurch aufrechterhalten, daß die Pumpen mn heißes Gas in den doppelten Boden h hineinpumpen, welches von hier aus durch zahlreiche kleine Öffnungen aufsteigt. Der Druck wird automatisch reguliert. Sollte er zu hoch steigen, so läßt ein Sicherheitsventil Gas durch K abströmen. Durch die Ventile y und die Röhren o strömt die Alkohol-Wassermischung abwechselnd in die Kammern p_1 und p_2, diese besitzen beide oben einen zweiten

Fig. 23.

Fig. 24.

[1]) Vgl. Tafel I.

Ausgang nach *K* und endlich unten einen dritten nach dem Rohr *k*, welches mit dem Zerstäuber *Z* in Verbindung steht. Diese Kammern haben ebenfalls einen doppelten Boden *i*. Durch dessen Poren steigt ebenfalls Gas auf, das von *mn* kommt. Diese Kammern $p_{1,2}$ wirken als Pumpen. Die Ventile öffnen und schließen sich in der Art, daß stets die eine Kammer von *e* aus nachgefüllt wird, während die andere unter 20 bis 23 Atm. Druck das Alkoholwasser nach dem Zerstäuber pumpt. (Vor der Abfahrt sind natürlich beide gefüllt, um den Brennstoffgehalt des Apparates zu vergrößern.) Da in $p_{1,2}$ der Druck bedeutend schwankt, da der kleinste Druck für die Festigkeit des Apparates nicht mehr genügt, und auch wegen der eigentümlichen Form dieser Kammern müssen sie starr sein, im Gegensatz zur übrigen Rakete also durch Metallstücke ihre Festigkeit erhalten. Der Sauerstoffraum *s* steht unter einem Druck von 18 bis 21 Atm. Der Druck im Raum *A* ist um 1 Atm. geringer, trotzdem muß die Scheidewand zwischen beiden gerade verlaufen und dünn sein, daher wird sie von den Drähten *q* gehalten, welche an den Versteifungen von *p* hängen. Die obere Fläche des Sauerstoffraumes gleicht einem liegenden verlängerten Ellipsoid. Da der Querschnitt der Rakete kreisförmig ist, so reicht also der Raum p_2 an zwei gegenüberliegenden Punkten tiefer hinab; an diesen Punkten befinden sich die Ventile o_2, welche den verdünnten Alkohol von p_2 nach dem Zerstäuber bringen. Die Flüssigkeit in p_1 sammelt sich in der Mitte bei *k* an. — Der Sauerstoff muß durch Verdampfen auf dem Druck von 21 Atm. gehalten werden, er verdampft: 1. weil sich unter ihm der viel heißere Raum *A* befindet[1]). Doch würde dies allein noch nicht genügen, es muß vielmehr 2. noch durch die Pumpen *mn* heißes Gas in der angegebenen Weise hineingeblasen werden. Dieses heiße Gas enthält Wasserdampf, der bei dieser Gelegenheit Eiskristalle bildet, welche oben über dem Sauerstoff schwimmen, daher den Poren des Zerstäubers nicht schaden, aber m_1 etwas vergrößern. — Auch im Sauerstoffraum ist eine Schwimmervorrichtung *g*, sie hat vor allen Dingen die Aufgabe, daß der Brennstoffverbrauch mit dem Sauerstoffverbrauch Schritt hält. Durch das Zusammenwirken der Schwimmer im Alkohol- und im Sauerstoffraume wird auf elektrischem Weg das Sicherheitsventil des Sauerstoffraumes sowie die Verdampfung des Sauerstoffs beeinflußt. (Es befindet sich ebenfalls bei *K*.) Fällt der Sauerstoffspiegel zu langsam, so wächst der Druck im Sauerstoffraum, wodurch mehr Sauerstoff in den Zerstäuber gespritzt wird.

Die Wände des Sauerstoffraumes müssen 2,8 bis 3 mm dick sein.

Der Windkessel *W* steht mit dem verdünnten Alkohol im Zerstäuber durch das Rohr *k* in Verbindung. Er ist da: 1. damit der ganze Raum zwischen den Rohren *E* mit dem verdünnten Alkohol angefüllt ist, 2. damit hier der Druck auf einer bestimmten Höhe gehalten wird. Beides ließe sich allein durch $p_{1,2}$ nicht erreichen. Der Druck in *W* wird auch dadurch erhalten, daß die Pumpen *mn* heißes Gas hineinpumpen. Außerdem besitzt er einen Schwimmer *g*,

[1]) Vgl. auch Tafel II.

der vor allen Dingen die Arbeit der Pumpen $p_{1,2}$ regelt. W liegt unter der Düse der H.R., muß daher gegen Wärmeabgabe geschützt sein. W ist eiförmig. Zwischen W und p_1 bleibt ein Raum I, hier befinden sich ebenfalls gegen Wärmeschwankung geschützt, die Instrumente, die die Arbeit der A.R. regeln und registrieren. Weiter eine möglichst konstante elektrische Gleichstromquelle und eine kleine Dynamomaschine.

Die Pumpen mn arbeiten folgendermaßen (vgl. Fig. 25): Eine kleine Kolbenpumpe m_1 pumpt Alkohol abwechselnd in die beiden Kessel m_2, m_3 und ständig in den Kessel n. Die Kessel $m_{2,3}$ pumpen (ähnlich wie $p_{1,2}$ den Alkohol) Sauerstoff nach n. Am Boden von $m_{2,3}$ befinden sich Natriumstücke. Der Sauerstoff strömt bei geöffneten Ventilen m_4, m_6 bzw. m_5, m_7 hinein und hebt die Natriumstücke. Sind die beiden Kessel m_2 oder m_3 gefüllt, so werden diese Ventile geschlossen, und es strömt durch m_8 oder m_9 Alkohol über den Sauerstoff. Durch die Anwesenheit des Natriums beginnt sofort eine stürmische Verbrennung, wodurch der Sauerstoffinhalt durch l_2 oder l_3 nach n getrieben wird. In n werden Alkohol und Sauerstoff in geeigneter Weise miteinander vermischt. Es befindet sich hier ebenfalls Natrium, dabei verdampft hier aller Alkohol und Sauerstoff und durch die Rohre l_4 strömt heißes, stark sauerstoffhaltiges Gas. n ist innen mit feuerfestem Material ausgekleidet, außen ist n von flüssigem Sauerstoff umgeben. In l_4 befinden sich Hähne, die die Menge des nach h oder i strömenden Gases regeln. Auch die Schnelligkeit der Arbeit von m_1 läßt sich regulieren.

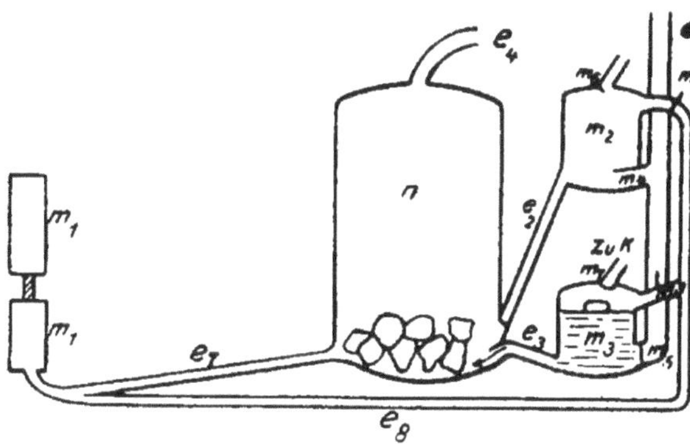

Fig. 25.

Anmerkung. Ob die Verwendung von Natrium ihren Zweck erfüllen wird, kann ich nicht bestimmt sagen, denn ich habe bis jetzt einen derartigen Versuch nicht gemacht. Falls nicht, könnten die Pumpen m auch so arbeiten, daß ein Gemisch von Sauerstoff und Alkoholdampf über dem flüssigen Sauerstoff etwa durch einen elektrischen Funken zur Explosion gebracht wird. Bei n würde bei guter Vermischung ein elektrischer Funke zur Zündung auch schon genügen. Ist hier aber die Verbrennung erst einmal im Gang, so brennt das Ganze sicher, bis nichts mehr zum Verbrennen da ist. Das wird mir jeder bestätigen, der etwa einmal einen glimmenden Holzspan in flüssige Luft getaucht hat.

Der Ofen O (vgl. hierzu auch Zeichnung II) grenzt nicht direkt an die Mantelfläche, es befindet sich vielmehr davor noch eine dünne Wand t, die durch Metallstreben (nicht gezeichnet) mit der Mantelfläche verbunden ist und dadurch in der richtigen Lage gehalten wird. Zwischen t und die Mantelfläche fließt aus dem Zerstäuber Flüssigkeit, die hier verdampft und so die Wand des Ofens vor dem Verbrennen schützt. Der Dampf entweicht zwischen dem Zerstäuber und der Mantelfläche bei *L* in den Ofen. Dabei bleibt er im Ofen in der Nähe der Wände, bei starker Verdampfung werden also die Wände selbst vom heißen Gas wieder isoliert. Damit nicht zu viel Flüssigkeit verdampft und die Wand *t* von oben angefangen nicht verbrennt, befindet sich bei T_1 ein Thermoelement, welches bewirkt, daß mehr Flüssigkeit zuströmt, falls hier die Temperatur zu hoch steigt. Der Raum zwischen *t* und der Mantelfläche ist an einigen Stellen weiter. Hier fließt die Flüssigkeit hinab und hier befindet sich auch ein Schwimmer, der den Flüssigkeitszufluß hemmt, falls die Flüssigkeit zu hoch steigt, um ein Überlaufen der Flüssigkeit in den Ofen zu verhindern. — Der Raum zwischen der Mantelfläche und der Fläche *t* ist durch eine Wand *u*, die etwas unterhalb F_m verläuft, noch einmal in zwei Teile geteilt: *Q* und *R*. Sind die Brennstoffe erschöpft, so wird erst die Flüssigkeit in *R* und dann die in *Q* durch heiße Gase aus *mn* verdampft. Durch diese Anordnung

Fig. 26.

Fig. 28.

Fig. 27.

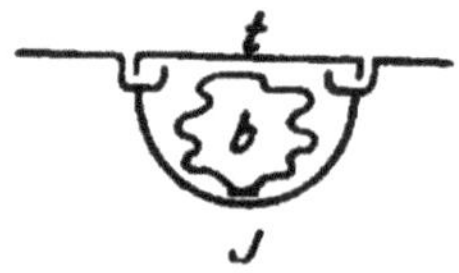

Fig. 29.

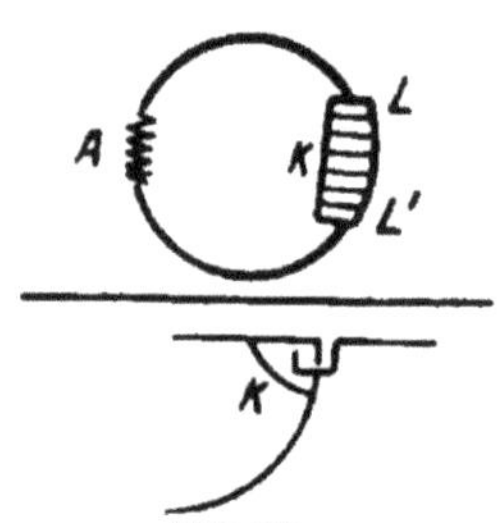

Fig. 30.

wird m_1 viel geringer, als es wäre, wenn Ofen und Düse innen mit feuerfestem Material ausgekleidet wären, und das ist (nach § 7,6) ein bedeutender Vorteil. Auch ist es dabei möglich, die Gase am Metall entlang streichen zu lassen, welches sie weniger aufhält als etwa Asbest oder Schamotte.

Die Düse der A.R. ist entweder einfach und kreisrund, wie es auf dem Plan angegeben wurde, oder sie ist in 7 oder mehr Teile geteilt (vgl. Fig. 26), die aus einem gemeinsamen Ofen entspringen. Bei kleinen Apparaten (also bei Modell B) ist dies erstere, bei größeren (vgl. Fig. 53) das letztere vorzuziehen.

Die Flossen *w* sind im Plan nur angedeutet. Es sind zusammen vier Systeme von je 2 Flossen, die miteinander durch Querwände verbunden sind. Sie sind am Treibapparat befestigt. Die Enden lassen sich um die Achse *X* drehen. Beim Aufstieg sind die Flossen nach unten geklappt und bewirken auf diese Weise die Stabilisierung und auch die Steuerung, da sie von *I* aus (vgl. S. 55) bewegt werden können. Beim Abstieg klappen sie nach rückwärts und tragen so den Apparat (vgl. Fig. 27). Auf diese Weise erübrigt sich ein Fallschirm. Die Flossen nebst Zubehör wiegen 4 kg.

Nach dem Abwurf läßt sich der Alkohol-Wasserbehälter mit Luft füllen. Erst muß bei offenen Hähnen Luft durchstreichen, damit der Behälter getrocknet und gereinigt wird. Nachher beim Füllen muß die nötige Vorsicht walten. So muß die Luft vorher in einem Rohr durch den Sauerstoffraum strömen, damit sie sich entsprechend abkühlt. Es könnte sonst wegen der Kompressionswärme bei starkem Wasserstoffgehalt eine Explosion eintreten. Auf diese Weise ist die Rakete imstande, Luftproben herabzubringen. Dem Zeitpunkt der Füllung muß eine Marke auf einem der Registrierstreifen (vgl. S. 56) entsprechen.

Erwähnenswert ist es vielleicht noch, wie ich mir die Auffindung der niedergegangenen Raketenteile vorstelle. Der Aufstiegsort soll so gewählt werden, daß die Hilfsrakete und die A.R. ins Wasser, die H.R. in bewohnten Gegenden niedergeht. In der Außenwand befinden sich nun kreisrunde Türen, deren Ränder in die Außenwand eingreifen, wie Fig. 28 zeigt. Hinter diesen befindet sich ein Kessel, in den ein Ballon *b* liegt (vgl. Fig. 29), der an einer zusammengerollten Schnur *s* hängt. Da der Kessel unter einem Innendruck von 9 bis 10 Atm. steht, ist dieser Ballon ziemlich zusammengedrückt, im Freien wird er 10mal so groß. Die Türe nun bewegt sich in der Angel *A*; auf der gegenüberliegenden Seite ist sie von *L* bis *L'* zugelötet, im übrigen ist sie luftdicht verschlossen. Hinter der Lötstelle befindet sich in *K* eine Säure, der Raum *K* ist durch Querwände in Kammern eingeteilt. Diese Säure nun frißt das Lötmetall, wodurch nach einigen Stunden die Türe aufklappt, da der Innendruck sehr groß ist, worauf der Ballon ins Freie tritt.

Aus dem Niedergangsort der A.R. kann man auf die Bewegung der höheren Luftschichten, hieraus weiter auf den Niedergangsort der H.R. schließen.

Auf der A.R. befinden sich folgende Reguliervorrichtungen und Präzisionsinstrumente:

1. Eine leistungsfähige und eine konstante elektrische Gleichstromquelle.

2. Ein Kreisel in folgender Aufhängung: der Kreisel *K* dreht sich in einer wagerechten luftleeren Hülle *H*, diese kann sich um die Achse $g_1 g_2$ drehen; bei Drehung um diese Achse wird ein elektrischer Strom ausgelöst; g_1 und g_2 hängen in einem Ring, der selbst um die Achse $g_3 g_4$ drehbar ist und bei schräger Stellung elektrische Ströme auslöst; diese Ströme beeinflussen die Stellung der Flossen, dabei kann auch gleich registriert werden, wie weit die Steuerung gebraucht wurde. *M* ist ein Elektromotor, der den Kreisel dreht.

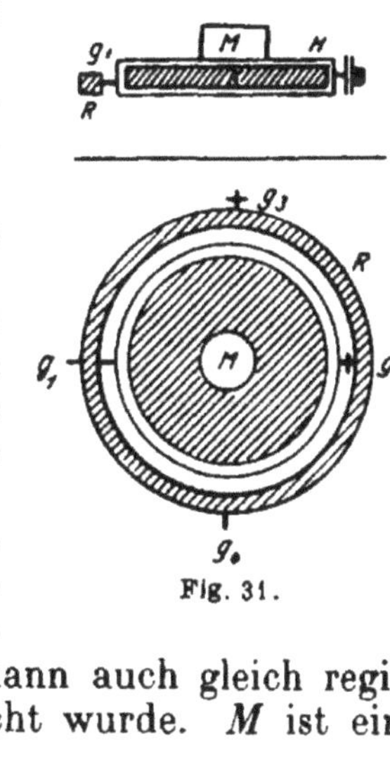

Fig. 31.

3. Beschleunigungsanzeiger; zu empfehlen einer für kleinere und einer für größere Beschleunigung. Sie bestehen im Wesen aus

einem Gewicht an einer elastischen Feder, registrieren den Andruck und damit die Beschleunigung und rufen der Beschleunigung proportionale elektrische Ströme hervor. Aus der Beschleunigung kann man auf die Geschwindigkeit, aus der Geschwindigkeit auf die Höhe zurückschließen, wenn die Beschleunigung auf einem mit Zeitmarken versehenen Papierstreifen registriert wird. In der Höhe ändert sich die Schwerkraft. Hat man die Höhe in erster Annäherung, so kann man danach die Beschleunigung korrigieren[1]) und hieraus Geschwindigkeit und Höhe genauer bestimmen usw. Die Beschleunigungsanzeiger müssen sehr genau arbeiten; glücklicherweise lassen sie sich vorher und nachher an einem Rundlauf auf das genaueste prüfen. Die Beschleunigungsanzeiger hängen zweckmäßig an einer senkrechten Führung von einem Kreisel wie dem in Fig. 7 (aber nicht von diesem selbst) herab.

4. Die Schwimmer, die den Stand des Alkohols und Sauerstoffs registrieren, lösen ebenfalls elektrische Ströme aus, die zum Teil das Verhältnis zwischen Alkohol und Sauerstoff regeln, zum Teil für den unter 8 beschriebenen Apparat gebraucht werden.

5. Manometer, um die verschiedenen Innendrucke zu registrieren. Eines muß auch unter der Spitze sein.

6. Erwünscht ist es auch, wenn sich an möglichst indifferenten Stellen der Außenwand oder der Flossen Aneroidbarometer befinden, die dem Außendruck entsprechende Ströme auslösen. Besonders genau müssen und können sie nicht sein; der beste Ort der Anbringung läßt sich an einem Modell von der Form der Rakete am Rundlauf oder besser im gleichmäßigen Luftstrom ausprobieren. Sollten diese Barometer allzu unzuverlässig sein, so können sie durch folgenden Apparat ersetzt werden: eine Art Planimeter, es kann auch ein elektrischer Stromzähler sein, ermittelt aus den Angaben des Beschleunigungsanzeigers die Geschwindigkeit, ein zweites hieraus die Höhe, sein Zeiger besteht aus einer Rolle z (vgl. Fig. 32), unter dieser wird auf den Rollen r der Blechstreifen b hineingezogen. Der untere Rand von b ist wagerecht, der obere ist so zugeschnitten, daß durch das Vorrücken von b ein Rheostat Ströme auslöst, die $\beta = \beta_0 \cdot e^{-\frac{s}{H}}$ proportional sind. Es tut nichts, wenn diese Ströme ebenfalls registriert werden, und es ist gut, wenn wir ein klares Bild von der Arbeit aller Einrichtungen bekommen.

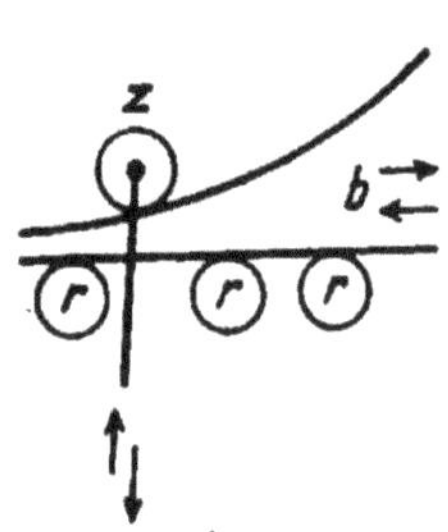

Fig. 32.

7. Der Innendruck, der die Spitze wegblasen möchte, ist natürlich größer als der Widerstand der äußeren Luft L. Die Federn b sind also auf Zug beansprucht. Dieser Zug löst Ströme aus und wird registriert. Werden die Ströme von 5, 6, 7 in geeigneter Weise addiert, so geben sie ein Bild des Luftwiderstandes L.

8. Diese Ströme und jene, die dem Flüssigkeitsstande entsprechen, wirken auf Elektromagneten, die in geeigneter Weise

[1]) indem man nämlich die Änderung von g berücksichtigt.

an den Enden eines Wagebalkens (natürlich stehen sich gleichnamige Pole gegenüber) angebracht sind. Dieser verstärkt oder schwächt durch seine Stellung die Arbeit der Pumpen *mn* und damit die Beschleunigung. Da nun in der Nähe der Erde das Gewicht eine lineare Funktion des Flüssigkeitsstandes ist, und da weiter $\bar{v}$ eingehalten wird, wenn $L = G$ (vgl. S. 16), bewirkt dieser Apparat, daß $\bar{v}$ eingehalten wird.

9. Gehören noch zur A.R. einige Thermographen (am besten Thermoelemente); eines davon steht vor der Spitze, um die Verdichtungswärme der Luft zu registrieren.

10. Ist hier noch die Abwurfvorrichtung zu erwähnen.

§ 10. Die Wasserstoffrakete.

A. Allgemeines.

s_0: Bei der A.R. ist zuletzt die Beschleunigung etwas geringer, als es $\bar{v}$ entsprechen würde. So wird die Höhe, in der die A.R. die Endgeschwindigkeit erreicht, etwas größer als die Höhe, die wir nach Formel (10a) erhalten würden. (Ich schätze die Höhe auf 3 bis 6 km größer.) — Vorteile: 1. bei der A.R. wird p_0 konstant; 2. bei der H.R. darf die Querschnittsbelastung geringer sein. — s_1 und $(s_1 - \bar{s}_1)$ sind bei der Einrichtung der A.R. abhängig davon, wie groß c in Wirklichkeit ist. Für $c = 1400$ m/sec finden wir: $\beta_1 = 8{,}82$ kg/m². Dem würde eine Höhe s_1 von ca. 56,2 km über dem Meer entsprechen.

p_0 ist 3 Atm. groß.

Brennstoffe: 1,36 kg Wasserstoff, 1,94 kg Sauerstoff; $T_0 = 1700^0$ C.

Düsenverhältnis: $F = F_d$ (da $p_d > \beta_1$); $\varkappa = 1{,}388$. $F_d/F_m = 10{,}95$; $d = 25$ cm; $d_m = 7{,}55$ cm; $d/d_m = 3{,}31$.

Auspuffgeschwindigkeit: Wir würden $c = 4400$ m/sec finden. Aus demselben Grunde wie bei der A.R. schätze ich hier c zu klein ein: $c = 3400$ m/sec.

Der Wasserstoff steht oben unter einem Überdruck von 0,12 Atm. (dabei würde die H.R. anfangs durch den Luftwiderstand natürlich geknickt, wenn sie nicht in der A.R. stecken würde). Während der Arbeit der H.R. beträgt der Bodendruck des Wasserstoffs in der ersten Sekunde 0,11 Atm., später etwas weniger. Der Wasserstoffbehälter muß also 0,24 Atm. Überdruck aushalten können. Seine Wandstärke brauchte dabei bloß 0,0144 mm zu betragen. Dabei würde 1 qm 34,2 g wiegen.

Gewicht des Wasserstoffraumes und der Spitze: 33 g.

Ofen und Zerstäuber: Länge 1,05 m; Innendruck 3 Atm.; Gewicht 0,466 kg.

Instrumente: 1,5 kg.

Pumpen, Sauerstoffring und Versteifungen: 0,5 kg.

Düse und deren Mantelfläche: 0,3 kg.

Flossen: 0,3 kg.

Fallschirm: 0,5 kg.

$$m_1 = 3{,}60\,\text{kg};\; m_0 = 6{,}90\,\text{kg};\; \text{Brennstoffe: } 3{,}30\,\text{kg}$$

$$\frac{m_0}{m_1} = 1{,}915;\; \log\frac{m_0}{m_1} = 0{,}2825;\; \ln\frac{m_0}{m_1} = 0{,}650:$$

$$v_x = 3400 \cdot 0{,}650 = 2210\,\text{m/sec}.$$

Beschleunigung während der ersten Sekunde:

$$b_0 = 200\,\text{m/sec}^2;\; \frac{dm}{dt} = 6{,}90\,\text{kg} \cdot \frac{200\,\text{m/sec}^2}{3400\,\text{m/sec}} = 0{,}406\,\text{kg/sec}.$$

Da der Innendruck und der Mündungsdruck konstant bleiben, so bleibt auch diese Zahl konstant.

$$\text{Brenndauer: } \frac{3{,}30\,\text{kg}}{0{,}406\,\text{kg/sec}} = 8{,}15\,\text{Sekunden}.$$

$$\int_{t_1}^{t_2} Q \cdot dt = 64{,}3\,\text{m/sec};\; \int_{t_2}^{\infty} L' \cdot dt = 7\,\text{m/sec};$$

$$\bar{v}_1 + v_x - \int Q \cdot dt - \int L' \cdot dt = 5210 - 71{,}3 = 5139\,\text{m/sec}.$$

Mit dieser Anfangsgeschwindigkeit würde die Rakete rund 1960 km hoch kommen.

Mündungsdruck: $p_d = 0{,}0196$ Atm., woraus sich das Düsenverhältnis berechnet, da $p_0 = 3$ Atm. (Man findet p_d am besten aus der Formel:

$$\frac{p_d}{p_0} = \left(\frac{A_0}{A_d}\right)^{x}.$$

Hier ist:

$$A_d = c \cdot F_d;\; A_0 = \frac{dm}{dt} \cdot V_0.)$$

Anmerkung: A: Gesamtvolumen des Gases, welches während einer Sekunde ausströmt.

Beschreibung der H.R. (Vgl. Tafel I.)

Die Spitze a ist ähnlich konstruiert wie bei der A.R. Sie klappt beim Abstieg auseinander, wodurch sich der Fallschirm ausbreiten kann, der sich unter der Spitze im Raume f befindet. Die Spitze bleibt hier übrigens nachher noch mit der H.R. verbunden. Die Spitze ist innen mit poröser Leinwand überzogen, hinter der Wasser herabfließt. Dies Wasser befindet sich bei c und wird von der Pumpe e durch ein Rohr nach der Spitze gespritzt, wo es an den Wänden herabläuft. Der Fallschirm soll beim Abstieg der Luft nicht eine quergestellte, sondern längsgestellte Flächen mit geringer Neigung bieten (vgl. Fig. 33), die durch den Luftstrom nicht erwärmt werden, aber wegen der verhältnismäßig hohen Viskosität dünner Luft (vgl. hierzu die Gaedesche Molekularluftpumpe) und des geringen Leergewichtes der H.R. wegen dennoch gut bremsen[1]). Wo der Fallschirm dem Luftstrom eine senkrechte Fläche bietet, muß er wirksam gekühlt sein, etwa indem sich zwischen dem Stoff, aus dem er besteht, Eisstückchen befinden.

Fig. 33.

[1]) Übrigens soll der Fallschirm auch nur in zweiter Linie bremsen.

Die Buchstaben auf dem Plane entsprechen jenen der A.R. Der Sauerstoff ist hier in einem kreisförmigen Ring eingeschlossen, in dem er zum Verdampfen gebracht wird, worauf er durch die Rohre E strömt. Er steht unter einem Druck von 3,1 Atm. Der Wasserstoff wird durch die Pumpen $p_{1,2}$ auf ca. 5 Atm. Druck gebracht und umgibt die Rohre E von außen. Als Windkessel dient hier der Hohlraum innerhalb des Sauerstoffringes, in dem sich auch die Sauerstoffrohre verzweigen. — Ähnlich wie der Alkoholraum kann hier der Wasserstoffraum Luftproben aufnehmen. Vorausgesetzt: 1. daß es dort Luft oder sonst ein Gas (Koronium?) gibt; 2. daß sich dieses Gas in Behälter füllen läßt, was man aus Gründen der Atomtheorie bestreiten kann. In den Pumpen $p_{1,2}$ liegen die Rohre, die die Heizgase bringen (i), in einer Art Filter S, welches fast bis zur Decke reicht. Grund: die Heizgase enthalten Wasser, welches sich bei Berührung mit dem Wasserstoff sofort niederschlägt. Da Eis schwerer ist als flüssiger Wasserstoff, so würden diese Eiskristalle nach unten sinken und die Poren des Zerstäubers verstopfen, wenn sie nicht im Filter zurückblieben. Aus diesem Grunde liegt auch der Abfluß aus dem Pumpenraum etwas höher als die tiefste Stelle von $p_{1,2}$, die also auf diese Weise niemals entleert wird und die im Wasserstoff trotz aller Vorsicht enthaltenen Eiskristalle sammelt (vgl. Fig. 34).

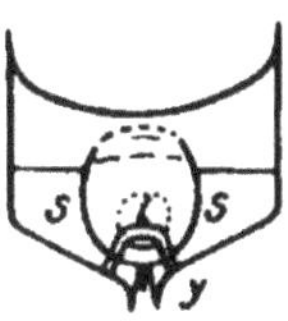

Fig. 34.

Ofen und Düse sind hier mit flüssigem Wasserstoff umgeben. Die Flossen w stehen hier in der Tangentialebene der Wand. Sie können an der Wand hinauf und hinabgleiten und werden hier durch die Scharniere a, a' gehalten (vgl. Fig. 35). Weil sie flach zum Strom des Auspuffgases stehen, können sie: 1. auch in dünner Luft wirksam steuern, 2. läßt sich dabei die H.R. in der A.R. besser unterbringen, 3. stehen die Flossen im Zwischenraum zwischen der äußeren Luft und den Auspuffgasen an einer Stelle, wo sie die Bewegung der Rakete am wenigsten hindern. Bei der Konstruktion ist darauf zu achten, daß der Abwurf bereits geschieht, während die A.R. noch arbeitet. Sonst würde Andruck nach oben eintreten. Auf dem Plan sind die Pumpen $m\,n$ zum Teil weggelassen, weil sie die Zeichnung verwirren würden.

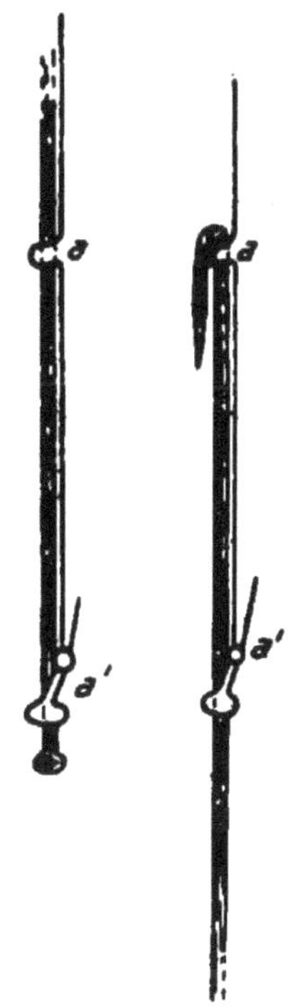

Fig. 35.

Präzisionsinstrumente der H.R.:

1. Eine elektrische Batterie und

2. Steuerkreisel wie bei der A.R., nur entsprechend kleiner und leichter,

3. desgleichen Beschleunigungsanzeiger,

4. Apparate, um den Flüssigkeitsstand anzuzeigen. Diese haben hier aber nur als Registriervorrichtungen Bedeutung, denn bei der H.R. besorgen die Geschwindigkeitsregulierung lediglich

5. die Manometer.

Die bei der A.R. unter 6 angeführten Apparate können hier wegbleiben, dagegen wird

7. der Druck, den die Spitze erfährt, wie bei der A.R. durch die Federn b aufgenommen und registriert.

Der unter 8 angeführte Apparat fällt hier fort, denn die Geschwindigkeit $\bar{v}$ wird hier nicht eingehalten.

9. Thermographen usw.

10. Auf der H.R. ist eine ähnliche Einrichtung, um die Spitze abzuwerfen wie auf der A.R. Sie wird aber hier nicht vom Schwimmer, sondern erst beim Abstieg vom Chronometer ausgelöst.

§ 11. Messungen mit Modell B.

Mit Modell B lassen sich folgende Messungen ausführen:

Aus der Beschleunigung und aus der Zeit schließen wir auf die Geschwindigkeit und auf die Höhe. Ebenso kann unter Berücksichtigung des Niedergangsortes aus der Verzögerung und der Zeit auf die Geschwindigkeit geschlossen werden. Auch wäre eine Beobachtung der Rakete durch Fernrohre während des Aufstieges nicht ausgeschlossen.

Der Abstieg der H.R. geht unten verhältnismäßig langsam vor sich, so daß wir dabei Luftdruck und Temperatur direkt messen können.

Andernteils können wir den Luftdruck auch aus dem Widerstand berechnen, den die Luft der Spitze der A.R. entgegensetzt, und den erhalten wir ja aus den Aufzeichnungen (vgl. S. 56) von 7. Durch Vergleichung beider Werte erhalten wir die Widerstandsziffer.

Durch Extrapolation von γ auf die H.R. finden wir aus dem Luftwiderstand, den diese erfährt, die Dichte der höheren Luftschichten (dabei sind die Luftproben zu beachten). In einer dünnen Atmosphäre, die viel Wasserstoff enthält, kann wegen der Erwärmung und Verdichtung der Luft an der Spitze eine Verbrennung eintreten. Dabei könnte die Luftdichte bis 9mal so groß erscheinen, als sie in Wirklichkeit ist. [Wie wir (S. 22) sahen, ändert das übrigens die Leistungsfähigkeit der Rakete kaum.]

Aus der Abnahme des Luftwiderstandes nach oben können wir genauer auf das spezifische Gewicht der Luft schließen. Daraus und aus den verschiedenen Luftproben sind auch Schlüsse auf Luftdruck und auf Temperatur möglich. Beim Abstieg zeigen die Thermometer richtig; die Thermometerangaben sind eine Kontrolle für die obigen Resultate.

Bei der Aufnahme der Luftproben werden die Kolbenstöße der Pumpe gezählt. Hieraus und aus den Manometerangaben ist wieder ein Schluß auf den Luftdruck möglich.

Da sich all diese Größen gegenseitig stützen und ergänzen, lassen sie sich nachher auf dem Wege indirekter Rechnung recht genau bestimmen. Dabei scheint es mir ein besonders glücklicher Umstand zu sein, daß wir gerade dasjenige direkt messen, was uns beim Bau von Raketen besonders interessiert.

Während des Aufstieges werden natürlich auch Flüssigkeitsstand, Innendruck, Temperaturen usw. registriert; besonders günstig scheint es mir dabei zu sein, daß man aus der Flüssigkeitsabnahme und der Beschleunigung vermehrt um die Schwere und den Luftwiderstand die Ausströmungsgeschwindigkeit c findet, und daß man weiter aus dem Innendruck und der Beschleunigung sozusagen ein scheinbares Verhältnis K' zwischen $\frac{p_d}{p_0}$ konstruieren kann, welches für den Bau von Raketen wichtiger ist, als das wirkliche $\frac{p_d}{p_0}$. Dies erhält man übrigens auch, wenn man die Zusammensetzung, die Temperatur und den Überdruck der ausströmenden Gase mit c vergleicht und die Reibung berücksichtigt usw.

Aus dem Unterschied zwischen dem berechneten und dem wirklichen Niederfallsort findet man die Bewegung der höheren Luftschichten. Vorausgesetzt, daß die Steuerung richtig war. Diese läßt sich vorher prüfen, indem man ein Modell mit vorher sorgfältig gerichtetem Kreisel labil unterstützt und in einen gleichmäßigen Luftstrom bringt (vgl. Fig. 36).

§ 12. Über die technischen Einrichtungen.

1. Vorversuche: Vor dem Bau von Modell B wäre vor allen Dingen die Arbeit des Zerstäubers und der Düsen experimentell zu untersuchen. Zu allererst wären noch einige Versuche über das

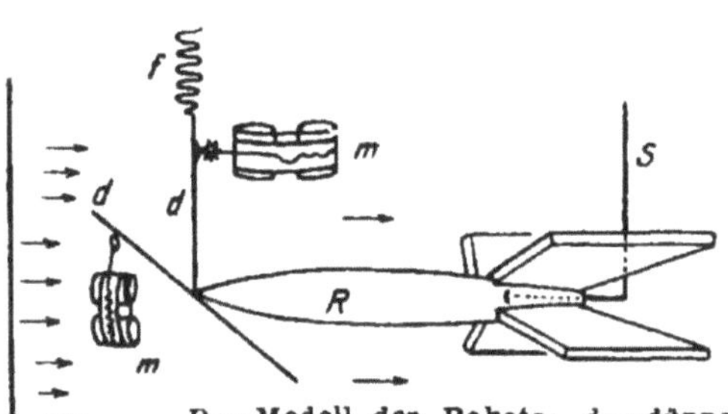

R = Modell der Rakete; d = dünne Stahlstäbe; S = Stütze, die P ersetzt; f = Spiralfeder, um den vorderen Teil auszubalanzieren; m = Registrierapparate.

Fig. 36.

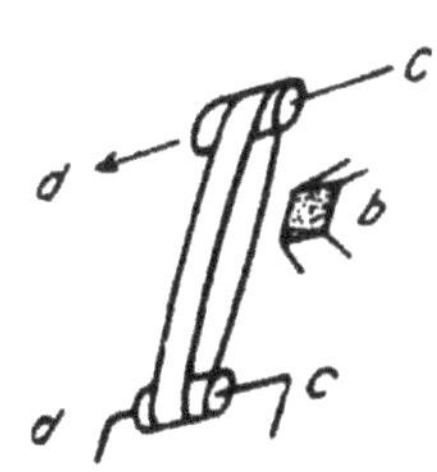

Fig. 37.

Herausspritzen von Flüssigkeiten aus feinen Öffnungen zu machen. Gefragt ist dabei nach dem besten Innendruck, nach der ausströmenden Menge Flüssigkeit, nach der Ausströmungsgeschwindigkeit und nach der Größe der Tropfen, in die Flüssigkeit zerstäubt, wenn sie in den rasch bewegten Gasstrom tritt. Das ließe sich z. B. messen, indem die Flüssigkeit durch eine kleine, mit feinen Öffnungen versehene Blechplatte b gegen ein schmales Band getrieben wird, welches sich rasch bewegt und welches seitlich, also von c nach d an der Blechplatte vorbeigeschoben wird und auf dem nachher die Tropfen gezählt werden. Die weiteren Versuche ließen sich am billigsten in der Nähe von Wasser mit entsprechendem Gefälle machen. Ein weiterer Versuch könnte darin bestehen, daß man das Gas, welches aus einem Ofenmodell (vgl. Fig. 38) ausströmt, etwa über strömendem Wasser sofort auffängt und auf seinen Gehalt an unverbrannten Stoffen untersucht. Ein ähnlicher Versuch wäre der, die Temperatur im Ofen zu messen, um hieraus den Grad der Verbrennung festzustellen. Dabei wäre die Weite der Zerstäuberrohre, Druck und Temperatur des Ofens usw. zu ändern. Danach kämen die Versuche mit Düsenmodellen. Die Versuchsdüsen dürfen wesentlich kleiner sein als die Düse des Modells B, denn man kann aus dem Gang bei verschiedenen Größen Schlüsse auf Modell B ziehen. Die Versuchsanordnung wäre etwa die folgende (vgl. Fig. 39): Das Gas strömt in den Rezipienten einer großen Wasserluftpumpe; das Wasser strömt bei A zu und fällt hier durch ein Sieb in feinen Strahlen in den Trichter B, bei D ist ein Loch in A, in welches luftdicht schließend, aber möglichst leicht beweglich das Düsenmodell C eingesetzt wird. Dabei wird das Auspuffgas entsprechend abgekühlt, so daß weniger weggeführt werden muß. Bei der Alkoholdüse kommt uns ganz besonders der Umstand zu statten, daß das Auspuffgas von kaltem Wasser so gut wie völlig absorbiert wird.

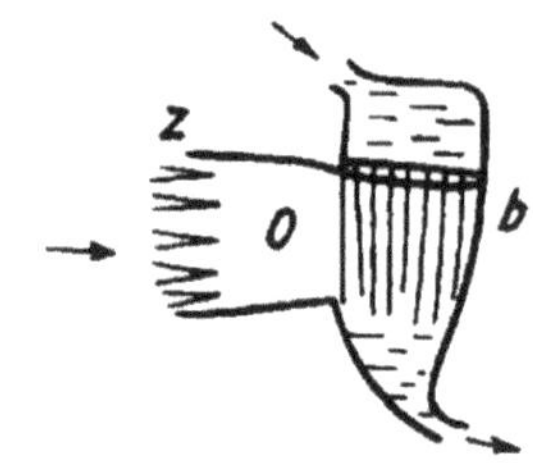

Z = Zerstäuber; O = Ofen; b = Brause.

Fig. 38.

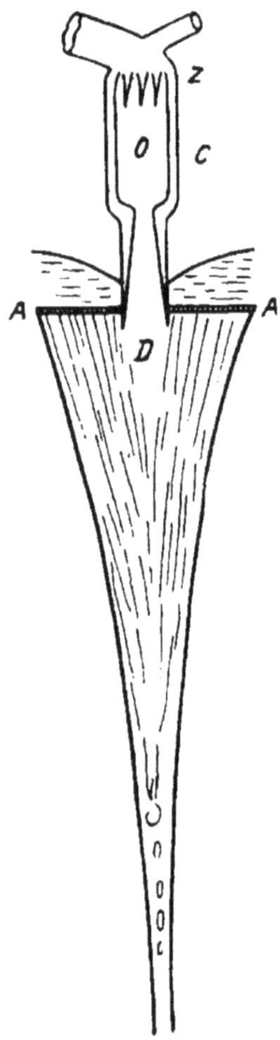

Fig. 39.

Die Düsen müssen bei den ersten Versuchen gegen Wärmeabgabe geschützt sein, später können wir Wände mit Kühlung anwenden. Diese Versuche wären auch deshalb von Wert, weil man nach ihren Ergebnissen möglicherweise sehr leistungsfähige Flugzeugturbinen bauen könnte. Es brauchen aber nicht allzu große Mittel darauf verwendet zu werden. Ganz genaue Werte erhalten wir ja schließlich nach dem ersten Aufstieg aus den Aufzeichnungen einer Rakete, die mit den unter 1 bis 8 beschriebenen Instrumenten versehen ist. Wir messen auch die Stoffe, die der Feuerbüchse zugeführt werden, des weiteren messen wir p_0, T_0, T_d[1]) usw., so daß wir hieraus auch indirekt auf c schließen können.

---

[1]) Und den Rückstoß P, etwa indem sich die Düse von unten nach oben gegen eine elastische Feder verschiebt.

Bei diesem Versuch erfahren wir weiter: a) wieviel Wärme durch die Düsen- und Ofenwände an die Flüssigkeit zwischen Mantel und Feuerraum abgegeben wird, b) welche Düsenform und welche Druckverhältnisse am günstigsten sind. Endlich können wir noch Versuche mit dem auf S. 27 beschriebenen Regulierstift machen. Dazu käme noch die Versuche mit den Pumpen p und mn und deren Prüfung. Endlich die Prüfung sämtlicher Registrier- und Reguliervorrichtungen.

2. Die Hilfsrakete: Um dem Apparat eine Anfangsgeschwindigkeit von 500 m/sec zu erteilen, gibt es nur zwei Mittel: a) man schießt ihn aus einem Geschütz; b) man läßt ihn aus eigener Kraft diese Geschwindigkeit erreichen. Zu a): Ein Vorteil meines Apparates ist nun der, daß die Wände dünn sind, m_1 also gering ist (verglichen mit den bisherigen Raketen). Wollen wir ihn aber aus einem Geschütz schießen, so müßten des außerordentlich hohen Andrucks wegen die Metallteile stark sein, und wir würden uns des genannten Vorteils wieder begeben. Es ist also gut, wenn er mit geringerer Beschleunigung, also mit Raketenantrieb anfährt. Allzu gering soll in diesem Falle die Beschleunigung aber auch nicht sein, sonst muß der Apparat zu lange gegen die Schwere ankämpfen. Für Raketenverhältnisse muß auch hier die Anfangsbeschleunigung immerhin groß sein. Das beste Verhältnis P/m_0 während der Anfahrt würde sich zum besten Verhältnis P/m_0 beim Einhalten von $\bar{v}$ etwa so verhalten wie 2,6 : 1. Um denselben Wert würde natürlich auch p schwanken, wodurch nach 7, 13 die Brennstoffe nicht ordentlich ausgenutzt würden. Dem kann man abhelfen: a) durch Düsen mit Regulierstift (vgl. S. 27), b) oder indem man die A.R. noch einmal auf eine Alkoholrakete mit weiterer Düse und höherem Rückstoß stellt. Beim Modell B ist das letztere vorzuziehen. Über diese Hilfsrakete brauche ich hier nicht viel zu sagen. Wenn die A.R. des Modells B möglich ist, so ist die Hilfsrakete erst recht durchführbar. Über ihre Ausführung vgl. Fig. 40. Sie hat 1 m Durchmesser, reicht an der A.R. ungefähr bis zu den Pumpenräumen hinauf und hat 4 Einschnitte für die Flossen der A.R. Der Sauerstoff befindet sich in einem Raum a, der in die Düse der A.R. hineinpaßt. Ihre Ausführung ist nach Muster des in § 12, 12 Gesagten so einfach als möglich. Die Hilfsrakete wiegt gefüllt 220 kg, arbeitet 8 Sekunden lang, die Beschleunigung, die sie der A.R. erteilt, beträgt anfangs 100 m/sec², wird aber später des zunehmenden Luftwiderstandes wegen geringer. Erwähnenswert sind vielleicht noch Ringe aus Metallband, die von außen um den Alkoholbehälter der A.R. gelegt werden und aus 4 durch Haken b zusammengehaltenen Stücken bestehen und mit der Hilfsrakete zusammen abgeworfen werden (Fig. 41).

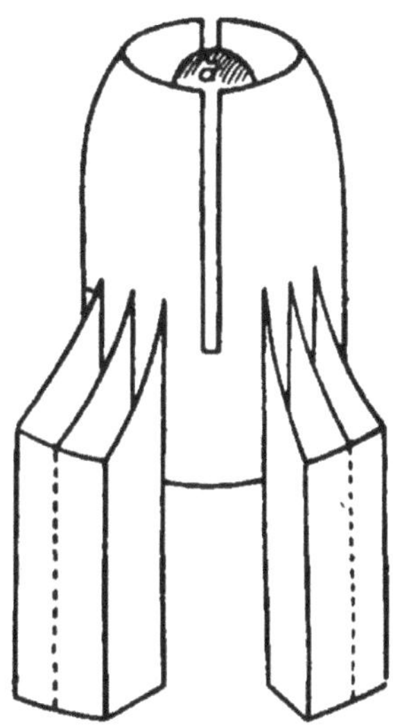

Fig. 40.

3. Innendruck im Ofen und Verbrennung: Es wird wahrscheinlich aus dem Verbrennungsraum des Modells B Flüssigkeit mitgerissen, wodurch c kleiner wird. Dieser Übelstand wird um so geringer, je größer p wird, denn a) wächst dabei nach Formel (14) $\frac{p_0}{p_d}$, dadurch wird bei gleichem Umfang der Feuerbüchse die Gasbewegung geringer. Denn die Geschwindigkeit, mit der das Gas durch F_m strömt, ist von p_0 und p_d (fast) unabhängig, und F_m wird bei wachsendem p_0 wesentlich kleiner. Dabei verdampfen kleine Flüssigkeitstropfen besser, weil sie länger im Verbrennungsraum bleiben; b) sie verdampfen auch besser, weil dichtes Gas mehr Wärme abgibt als dünnes; c) weil sie bei hohem p_0 nicht so viel Wärme aufnehmen müssen, um zu verdunsten. d) Dieselbe Menge mitgerissener Flüssigkeit beeinträchtigt die Auspuffgeschwindigkeit c bei höherem Innendruck p_0 deshalb weniger, weil dabei der Unterschied zwischen dem spezifischen Gewicht der Flüssigkeit und jenem des Gases geringer wird. D. h. durch F_m strömt das Gas mit der Geschwindigkeit c_m, die nur von $p_0 \cdot V_0$ abhängt; offenbar hindert erstens ein Flüssigkeitstropfen von bestimmter Größe einen Strom von dichterem Gas weniger als einen Strom von dünnem Gas, und zweitens wird er dabei rascher mitgerissen. Wenn wir mit p_0 bis zum höchsten kritischen Druck der Mischung gehen könnten, so würden uns überhaupt nur noch Temperatur und chemische Zusammensetzung des Stoffes interessieren, der durch F_m strömt, und die Frage, ob er flüssig oder gasförmig ist, würde hinfällig.

Fig. 41.

4. Der Zerstäuber Z würde leichter, wenn man die Alkohol-Wassermischung (wie bei Modell B den Sauerstoff) in herabhängende zapfenartige Rohre füllen würde. Doch glaube ich nicht, daß auf diese Weise die Verbrennung so gründlich würde.

5. Bedeutung der Pumpen $p_{1,2}$: Im Brennstoffraum soll wegen des in § 12, 3 und § 7, 13 Gesagten der Druck hoch sein; in den Brennstoffbehältern aber soll nach § 7, 8 niederer Druck herrschen. Die Bedeutung der Pumpen $p_{1,2}$ liegt darin, daß sie diese beiden Forderungen miteinander in Einklang bringen. Die Bedeutung der Pumpen wächst mit der Größe des Apparates: große Apparate haben an und für sich die nötige Querschnittsbelastung, wir können daher bei ihrem Bau mehr in die Breite gehen. Dabei wird in den Brennstoffbehältern der Innendruck geringer, der nach § 7, 8, 9 nötig ist, um sie starr zu erhalten. Bei Apparaten mit Querschnittsbelastung über 1,1 kg/cm² ist es aber auch wichtig, daß p_0 groß wird, und zwar um so mehr, je größer die Querschnittsbelastung ist. Bei den Wasserstoffraketen verlieren die Pumpen an Bedeutung, wenn das Gewicht der mitgeführten Instrumente groß ist im Verhältnis zum Gewicht der Brennstoffbehälter. Bei der H.R. des Modells B z. B. habe ich sie nur dem Prinzip zuliebe gezeichnet, sie erhöhen den Antrieb noch nicht um 400 m/sec. Ist das Gewicht der Instrumente

verhältnismäßig klein, so sind auf Wasserstoffraketen die Pumpen ganz besonders wirksam. Die Druckkammerpumpen $p_{1,2}$ betrachte ich übrigens als eine ziemlich glückliche technische Lösung dieses Problems. Kolbenpumpen könnten diese Arbeit unmöglich leisten.

6. Ein weiterer Grund, warum bei großen Raketen $\frac{m_0}{m_1}$ (oder wenn wir darauf verzichten: $\frac{p_0}{p_a}$) größer sein kann, ist folgender: Wir können bei Raketen dieser Art die Düsen teilen, und zwar in 7 oder 19 oder mehr Teile (vgl. Fig. 26). Dadurch wird die Partie von Ofen, Düse und Pumpen nicht höher als bei kleinen Apparaten. Sie fällt aber hier weniger ins Gewicht, weil ihr Verhältnis zur Brennstoffhöhe geringer ist. (Es ist für das Verhältnis $\frac{m_0}{m_1}$ dasselbe, als wäre es uns beim Modell B gelungen, Ofen, Düsen und Pumpen zu verkürzen.) Bei Apparaten dieser Art, von denen im dritten Teil noch die Rede sein wird, steckt die H.R. nicht in der A.R. drinnen, sondern liegt auf ihr auf (vgl. Fig. 53). Die obere Wand der A.R. läuft dabei in Fortsetzungen aus, die in die Düsen der H.R. hineinpassen. Eventuell ist beim Aufstieg noch eine besondere Spitze über die H.R. gezogen, die ihre Festigkeit in den unteren Luftschichten erhöht und mit der A.R. zusammen abgeworfen wird. Die Kammer I liegt hier besser über der H.R., gleich unter dem Fallschirm. Bei Modell B war der Grund, warum sie so tief gelegt wurde, hauptsächlich der, daß der Wasserstoffbehälter nicht unter dem Einfluß der Beschleunigung durchgebogen werden sollte. Dieser Grund fällt hier weg. Die Rolle der Hilfsrakete übernehmen hier Regulierstifte.

7. Zu solchen Riesenraketen kommen wir dann, wenn ein Gegenstand von bestimmtem größeren Gewicht emporgetragen werden soll. $\frac{m_0}{m_1}$ muß ja einen bestimmten Minimalwert haben; ist nun m_1 groß, so muß notwendig auch m_0 groß werden. Eine so große Rakete hat a) ihrer hohen Querschnittsbelastung wegen bereits anfangs eine sehr hohe günstigste Geschwindigkeit, die sie vielleicht während der ganzen Fahrt nicht erreichen kann; b) ist hier der Innendruck in den Behältern sowieso verhältnismäßig gering; c) ist hier p_a bei der A.R. für $F_a = F$ bereits nahe bei einer Atmosphäre, wenn nicht darüber. a), b), c) waren aber nach § 7, 15 die Hauptgründe für einen hochgelegenen Abfahrtsort; d. h. für diese Rakete ist es nicht so wichtig, daß der Abfahrtsort hoch liegt. Sie fährt bequemer vom Meeresspiegel ab. Wenn die Behälter prall mit Luft gefüllt sind, halten sie dem Wellenschlag gut stand. Dann liegt die Rakete flach auf dem Wasser, rückwärts sinkt sie etwas tiefer ein, sie kann daher

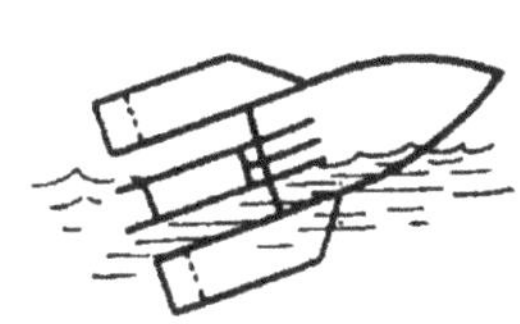

Fig. 42.

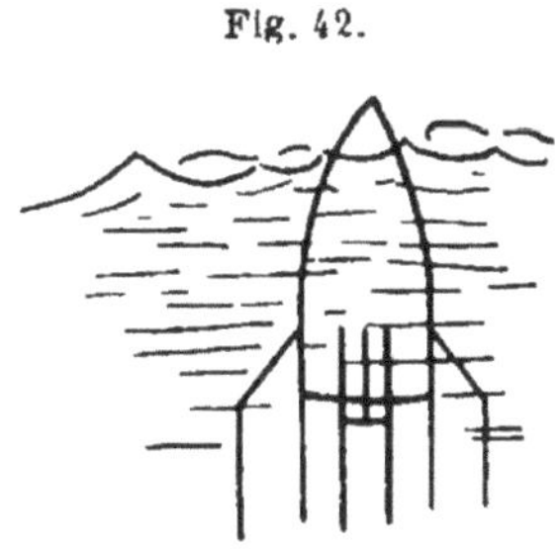

Fig. 43.

leicht von einem Schiff ins Schlepptau genommen werden, welches gleichzeitig auch die flüssigen Gase in gut isolierenden Gefäßen mitzuführen hätte, da sie nur unmittelbar vor dem Aufstieg einzufüllen wären. In gefülltem Zustand nimmt der Apparat eine senkrechte Stellung ein, ist also fertig zur Abfahrt. Damit sich an der H.R. kein Eis ansetzt, ist diese mit einer Hülle aus Papier zu umgeben, welches nicht an ihr haften soll und im Augenblick der Abfahrt auseinander gezogen wird.

8. Bei der Füllung der H.R. muß stets die nötige Vorsicht walten. Es muß erst der Wasserstoffbehälter auf einen inneren Überdruck gebracht werden, der sich zu dem, dem er später ausgesetzt sein wird, so verhält wie sein jetziger Elastizitätsmodul zu jenem bei der Temperatur des flüssigen Wasserstoffs. Dann muß er dadurch abgekühlt werden, daß immer mehr frisch verdampfter Wasserstoff hineingepumpt wird. Erst wenn er ungefähr die Temperatur des flüssigen Wasserstoffs hat, darf dieser hineinkommen.

9. Ingangsetzung des Modells B: 15 Sekunden vor der Abfahrt wird die kleine Pumpe m_1 in Gang gesetzt. 5 Sekunden vor der Abfahrt muß die Dynamomaschine anlaufen. Die Abfahrt erfolgt, sobald die Sauerstoff- und Alkoholmischung in A und B Feuer gefangen hat, was mit den Zündkörpern G zu erreichen ist.

10. Bei der H.R. arbeiten die Pumpen mn natürlich nicht mit Natrium, sondern mit dem elektrischen Funken.

11. Steighöhe: $\sqrt{2 \cdot g_1 \cdot h_1}$ beträgt für $h_1 = r + 70$ km: 11160 m/sec; für $h_1 = r + 140$ km: 11106 m/sec. Für Höhen zwischen 70 und 140 km findet man die parabolische Geschwindigkeit hieraus durch Interpolieren. Man wird aus dem bisher Gesagten sehen, daß es möglich ist, diese Geschwindigkeit zu erreichen. Gibt beispielsweise die A.R. der H.R. einen Antrieb von 3000 m/sec (eine große Alkoholrakete gibt der H.R. aber einen Antrieb von über 4000 m/sec), und ist bei der H.R. $c = 3400$ m/sec (in Wirklichkeit dürfte aber die Auspuffgeschwindigkeit an die 4300 m/sec betragen), so ist für die H.R.

$$\ln \frac{m_0}{m_1} = \frac{11000 - 3000}{3400} = 2{,}542\,; \frac{m_0}{m_1} = 12{,}72;$$

ein Wert, der durch nochmalige Teilung überschritten werden kann. Meine Apparate können also sehr wohl kosmische Geschwindigkeit erlangen.

12. Vereinfachungen: Modell B ist komplizierter, als es sein müßte, um die Aufgaben zu erfüllen, die auf S. 48, 2. Absatz gestellt und im vorigen Kapitel besprochen wurden. Ich beschrieb deswegen eine so komplizierte Maschine, weil ich zeigen wollte, was für technische Einrichtungen denkbar sind, um die Leistungsfähigkeit eines derartigen Apparates zu vergrößern. Das wird nämlich zum besseren Verständnis des dritten Teils gut sein.

Von einer Lufthülle der Erde kann man in 300 km Höhe eigentlich kaum noch reden, jedenfalls wird auch in 500 oder 1000 km Höhe nichts wesentlich anderes mehr anzutreffen sein als in 300 km Höhe.

Bis zu dieser Höhe käme aber bereits eine ungeteilte Alkoholrakete, besonders wenn man bedenkt, daß c in Wirklichkeit größer ist (ungeteilte Raketen würden außerdem bei Füllung mit Methylalkohol noch etwas mehr leisten als die A.R. des Modells B, die für Füllung mit Äthylalkohol berechnet ist). Die Hilfsrakete und die Regulierstifte könnten wir auch ersparen.

Wird $\bar{v}$ eingehalten, so verläuft die Kurve, die P/m_0 als Funktion von s darstellt, für $\bar{v}_0 = 500$, $s_0 = 7000$, $c = 1700$ folgendermaßen:

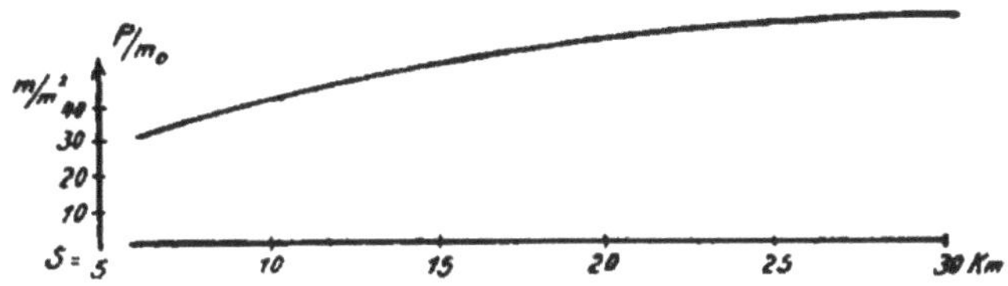

Fig. 44.

Wenn ich nun die Rakete ganz aus eigener Kraft anfahren lasse, so muß sie erst in die günstigste Geschwindigkeit hinein kommen. Dabei muß anfangs die Beschleunigung, also auch der Rückstoß und damit p naturgemäß größer sein. Lasse ich die Rakete später noch etwas hinter $\bar{v}$ zurückbleiben, so verläuft die Kurve für P und damit p_0 folgendermaßen:

Fig. 45.

wobei die Hilfsrakete in der Tat überflüssig wird. (Dabei dauert freilich der Antrieb 18 Sekunden lang, also 10 Sekunden länger als bei Verwendung einer Hilfsrakete, und der Antrieb wird um 76 m/sec und dazu natürlich noch um $\bar{v}_0$ kleiner.)

Wir könnten weiter den Ofen bedeutend vereinfachen, wenn wir weniger Wert auf hohe Endgeschwindigkeiten legen würden. Wir könnten den Ofen direkt an die Mantelfläche grenzen lassen und diese einfach mit Asbest auskleiden, den wir vor dem Aufstieg anfeuchten. Eine weitere Vereinfachung bestände darin, auch die Düse einfach mit einem Stoff auszukleiden, der dem Feuer $^3/_4$ Min. lang standhalten kann.

Wollte man, statt der drehbaren, feste Flossen anwenden, so würde ein Fallschirm notwendig, und der Antrieb würde um weitere 100 bis 200 m/sec herabgehen. Immerhin käme ein Apparat mit allen diesen Vereinfachungen noch über 250 km hoch. Allerdings kann uns ein solcher Apparat über die Bewegung höherer Luftschichten keinen Aufschluß geben, denn die Zeit, während welcher er die Tangentialbewegung höherer Luftschichten hat, ist gegenüber der Zeit, während welcher er die seitliche Bewegung niederer Luftschichten hat, verhältnismäßig zu klein.

Wollten wir darauf verzichten, den Luftwiderstand zu messen, den die Spitze erfährt (sollte also der Apparat rein meteorologische Untersuchungen ausführen, Modell B untersucht gleichzeitig auch die Widerstandsziffer und den Auspuff von Gasen), so bestände eine weitere Vereinfachung darin, p_0 durch ein Manometer konstant zu halten. p_0 müßte vorher theoretisch möglichst genau berechnet werden.

Auch auf die Pumpen $p_{1,2}$ und auf den Windkessel könnten wir verzichten, wenn wir den Alkohol-Wasserbehälter auf dem Druck zwischen den Zerstäuberröhren hielten. Dabei müßten seine Wände natürlich dick werden. Wir hätten aber doch auch einen Vorteil, nämlich daß die Form der Rakete schmäler sein könnte. Bei gleichem Brennstoffverbrauch könnte also die Querschnittsbelastung größer, bei gleicher Querschnittsbelastung der Brennstoffverbrauch kleiner werden. — Wäre auch diese Vereinfachung durchgeführt, so wäre $\bar{v}_1 = 1200$ m/sec, und die Rakete käme (s_1 hinzugerechnet) noch etwas über 100 km hoch. Sie würde nunmehr weiter nichts brauchen, um zu steigen, als die Pumpen mn, den Zerstäuber Z, den Alkoholbehälter mit dem doppelten Boden h und einem Manometer, welches den Zustrom der Heizgase regelt, und einem Sicherheitsventil und den Sauerstoffbehälter mit denselben Zubehörteilen. Dazu käme noch der Steuerkreisel und der vorher etwas anzufeuchtende Fallschirm und die Abwurfvorrichtung. Irgendeine Kühlung der Spitze ist hier nicht mehr nötig. Die Steig- und Falldauer dieses Apparates würde nicht ganz 6 Minuten betragen. Dabei würde er sich höchstens 10 km weit vom Aufstiegsort entfernen, also leicht zu finden sein, zumal man ungefähr wüßte, in welcher Richtung man ihn zu suchen hätte. Wir könnten also auch noch auf jedes Hilfsmittel für die Auffindung verzichten. Einen verhältnismäßig einfachen Apparat, der (allerdings bei sechsmal größerem Brennstoffverbrauch) dasselbe leistet wie Modell B (der aber, weil er größer ist, bereits von 2 bis 3 km Höhe abfahren kann) könnten wir auch erhalten, wenn wir drei Raketen, die derartig einfach wären, übereinander stellen würden, und zwar zu unterst eine Alkohol-Wasserrakete, in die Mitte eine Rakete, in der als Brennstoff flüssiges Methangas und als Kühlstoff Wasser dient, und zu oberst eine Wasserstoffrakete.

Als das wesentlich Neue gegenüber den bisherigen Raketen betrachte ich:

1. die Verwendung flüssiger Brennstoffe statt der bisher gebräuchlichen Explosivstoffe. Vorteile:

a) Die Geschwindigkeit kann geregelt werden.

b) $\frac{m_0}{m_1}$ wird größer.

c) Die Auspuffgeschwindigkeit wird (besonders bei der H.R.) größer. Erstens, weil leichtere Gase ausströmen, zweitens weil durch geeignete Düsen die Treibkraft der Brennstoffe besser ausgenutzt wird.

d) Der Betrieb wird ungefährlicher.

2. Die Teilung der Rakete. Vorteile:

a) Es wird weniger totes Material mitgeschleppt.

b) Die einzelnen Raketen können ihren verschiedenen Zwecken entsprechend verschieden gebaut sein.

3. Als meine Erfindung sehe ich noch an: den Geschwindigkeitsregulator; die Abwurfvorrichtung; die Pumpkammern; die Verdampfung durch Einpressen feiner Flüssigkeitsbläschen. Endlich scheinen auch die Formeln (3) bis (11) neu zu sein. Desgleichen die Untersuchung von Naturerscheinungen unter dem Gesichtspunkte des Andrucks.

III.

Zweck und Aussichten.

Über den Zweck des Modells B habe ich bereits (S. 60 ff.) berichtet.

Die auf S. 65 ff. genannten Apparate können nun so stark gebaut werden, daß sie imstande sind, einen Menschen mit in die Höhe zu tragen. Vorher müßte man allerdings experimentell feststellen, welchen Andruck ein Mensch ohne Schaden verträgt.

Da nämlich, wenn die Geschwindigkeit während des Antriebes viel kleiner ist als $\bar{v}$, jede Sekunde, die der Antrieb bis $\bar{v}_1$ länger dauert als nötig ist, von $\bar{v}_1$ fast 10 m/sec aufzehrt, so wollen wir die Beschleunigung so groß als möglich nehmen. Dabei wächst natürlich auch der Andruck. — Welchen Andruck verträgt nun ein Mensch?

§ 13. Physische Wirkung abnormen Andrucks auf den Menschen.

Beispiele: Es ist mir ein Fall bekannt, daß ein Feuerwehrmann aus 25 m Höhe absprang, in liegender Stellung am Sprungtuch ankam und dieses 1 m weit eindrückte, ohne bei diesem Sprung irgendwelchen Schaden zu nehmen. Der Andruck, den er während des Anpralles auszuhalten hatte, stieg dabei sicher über 240 m/sec². Doch gehört dieser Fall wohl zu den Ausnahmen.

Beim Absprung auf eine Wasserfläche aus 8 m Höhe in gerader Haltung steigt der Andruck über 40 m/sec². Durch Andruck hat dieser Sprung wohl noch nie einem gesunden Menschen geschadet. Bei Kopfsprüngen aus dieser Höhe wird allerdings Andrang des Blutes nach dem Kopf, Ohnmacht, selbst Schlagfluß beobachtet, obwohl hier die Bremsstrecke größer ist (Vorstrecken der Arme, Schlag nach rückwärts). Also verträgt der Mensch in der Richtung vom Kopf nach den Füßen mehr Andruck als in umgekehrter Richtung. — Den größten Andruck verträgt der Mensch in der Transversal- und Sagittalrichtung. Weil hier nämlich bei gleichem Andruck die Zug- und Druckspannungen am kleinsten werden, konnte ihm die Natur in dieser Richtung die größte Andruckfestigkeit geben. Nun hätte die Natur aber ebensogut auch Material sparen und etwa das Bindegewebe in dieser Richtung schwächer lassen können. Dies letztere geschah wohl aus Zweckmäßigkeitsgründen nicht. Es kommt so oft vor, daß wir seitlich ausgleiten und hinfallen, daß wir nicht lebensfähig wären, wenn wir dabei jedesmal innere Verletzungen davon tragen würden, wie zu hoher Andruck sie mit sich bringt. Und der Andruck ist dabei der meist kurzen Bremsstrecke wegen hoch. — Bekannt ist der Kopfsprung nach rückwärts in das Wasser. Man stellt sich mit dem Rücken gegen das Wasser und läßt sich nach rückwärts fallen, während die Füße zunächst am Sprungbrett bleiben. Dadurch entsteht eine Drehbewegung, die gerade so groß sein soll, daß man, den Kopf senkrecht nach unten, auf dem Wasser ankommt. Nimmt man die Füße zu früh vom Sprungbrett weg, so fällt man (vgl. Fig. 46) auf den Rücken. War das Sprungbrett 2 m über dem Wasser, so hat dabei die Haut einen Andruck bis 200 m/sec² (wegen der Härte des Wasserspiegels) auszuhalten (dafür aber wird sie auch krebsrot). Die Rückenmuskeln und Nieren erleiden einen Andruck bis zu 160 m/sec², der übrige Körper bis 80 m/sec², Kopf und Beine bis 70 m/sec². Ist man so vorsichtig und legt die Arme so weit nach rückwärts, daß der Lendengegend der Anprall mit dem Wasserspiegel erspart bleibt, so steigt auch für die Nieren der Andruck nicht über 80 m/sec², und man hat außer einem roten Rücken keinerlei Nachteil. — Ich glitt einmal, als ich von einem 6 m hohen Gerüst in das Wasser absprang, aus und fiel auf die Seite. Ich konnte nicht die geringste Schädigung durch Andruck feststellen.

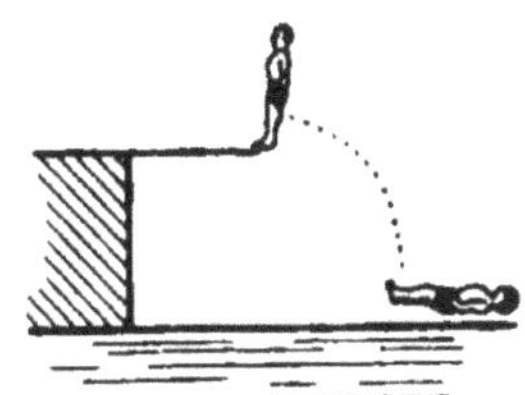

Fig. 46.

Demnach scheint der menschliche Körper in mechanischer Beziehung in der Richtung vom Kopf nach den Füßen einen Andruck bis zu 60 m/sec², quer dazu einen solchen von 80 bis 90 m/sec² ohne Schaden zu vertragen. Es ist nun die Frage, ob er diesen Andruck auch dauernd, d. h. wenigstens 200 bis 600 Sekunden lang verträgt. Man könnte folgendermaßen argumentieren: Wenn ich an ein Dynamometer einen Faden anbinde und bringe den Zeiger des Dynamometers mit einem kurzen scharfen Zug am Faden auf 100 g, so kann ich sagen, der Faden verträgt den Zug von 100 g dauernd, sicher verträgt er dauernd mehr als 80 g. Nehme ich aber statt eines Woll- oder Baumwollfadens etwa einen Draht, den ich mir aus Pech von 25 bis 30° C gedreht habe, so ist damit, daß er einen Zug von 100 g im Augenblick aushält, noch lange nicht gesagt, daß er auf die Dauer auch nur 10 g trägt. In der Tat, schon bei der kleinsten Dauerbelastung, etwa durch sein eigenes Gewicht, wird er ununterbrochen länger und dünner, bis daß er schließlich abreißen muß. — Es gibt auch Zwischenstufen. Ist z. B. ein Schlauch aus starkem Papier mit Pech gefüllt, so haben wir ein Gebilde, welches nicht beim geringsten dauernden Zug zerreißen muß und welches ruckweise sehr hohen Zug verträgt, wenn es nur Zeit hat, nachher seine Form wieder zurückzugewinnen. Wirkt der Zug aber dauernd, so nimmt der Widerstand bedeutend ab. Nun könnte man weiter sagen, daß unser Körper eben solch ein System von starrer und plastischer Substanz ist und daß verschiedene unserer Organe (Leber, Nieren, Milz) geradezu die Festigkeit von Pech bei 30° C haben. Dies Argument ist jedoch nicht stichhaltig. Die flüssige Substanz unseres Körpers hat nirgends die Viskosität von 25° warmem Pech. (Allenfalls der in den Knochen und Faszien enthaltene Leim, aber gerade diese Gebilde vertragen fortgesetzten Zug und Druck am besten; davon kann man sich überzeugen: 1. indem man sie belastet; 2. indem man Knochen oder Faszien unter geeigneter Belastung auf der Zentrifuge untersucht.) Die augenblickliche Festigkeit des erwähnten Pechschlauches beruht aber lediglich auf der Viskosität des Peches. Die flüssigen und breiigen Bestandteile unseres Körpers dürften einer Deformation sicher nicht mehr Widerstand entgegensetzen als etwa der Wurstbrei. Die Festigkeit unseres Körpers hängt also zu mindestens $^{19}/_{20}$ von Stoffen ab, die sich so verhalten wie oben der Wollfaden.

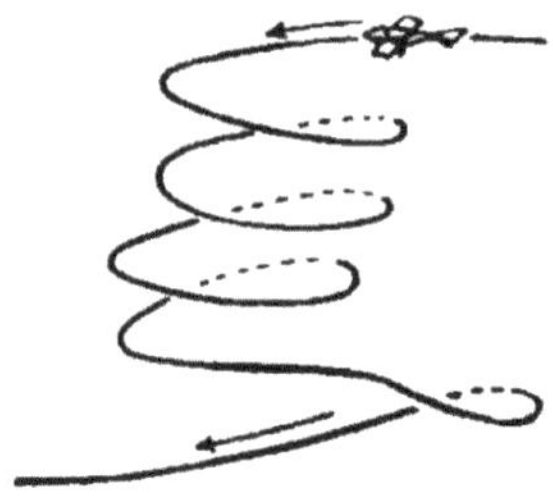

Fig. 47.

Im Kriege wurde folgender Fall beobachtet: Ein Flieger fuhr mit einer Geschwindigkeit von ungefähr 216 km in der Stunde = 60 m/sec in einer Schraube von höchstens 140 m Durchmesser 4 mal herum, er war also über 29 Sekunden einem Andruck von 51,5 m/sec^2 ausgesetzt, ohne Schaden zu nehmen. Dieser Fall spricht natürlich sehr zugunsten meiner Annahme, der Mensch werde diesen Andruck auch 200 bis 400 Sekunden aushalten (ohne sie schon völlig zu bestätigen).

Das Fehlen von Andruck kann uns keinerlei physischen Schaden zufügen. Schon die Tatsache, daß alle lebenswichtigen Vorgänge sowohl in aufrechter, als auch in liegender Stellung möglich sind, beweist, daß wir nicht (wie etwa geotropische Pflanzenteile) auf einen Andruck aus irgendeiner Richtung angewiesen sind.

§ 14. Psychologische Wirkungen abnormer Andrucksverhältnisse.

Unser Sinnesorgan für den Andruck ist der Vorhof des inneren Ohres. Dort schwebt im Gehörwasser, von elastischen empfindlichen Borsten in der Mitte des Raumes gehalten, ein Kalkkörper, der immer, wenn Andruck herrscht, auf ein paar Borsten gestützt sein muß und dadurch dessen Größe und Richtung (zum Kopf) angibt. Ergänzt wird dies Organ durch die drei Bogengänge des inneren Ohres, die die Bewegungen des Kopfes im Raume angeben, und durch das allgemeine Körperempfinden, besonders durch die Muskel-, Gelenk-, Tast- und Druckempfindungen sowie durch das Auge und das Urteil über Stellung, Lage und Bewegung. Die Zusammenhänge zwischen diesen Komponenten, d. h. die Verbindungen dieser verschiedenartigen Eindrücke beruhen nur zum kleinsten Teil auf bewußter Überlegung, individueller Erlernung oder Übung; zum weitaus größten Teil beruhen sie auf ererbten Instinkten, daher die Raschheit, Zuverlässigkeit und Selbstverständlichkeit dieses Organs, solange die Bewegungen von einer Größenordnung sind, wie wir sie etwa noch durch eigene Muskelkraft hervorrufen könnten, daher aber auch sein auffallendes Versagen gegenüber Bewegungen von anderer Größenordnung. Dafür zwei Beispiele:

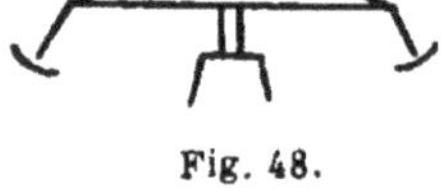

Fig. 48.

Denken wir uns ein Karoussel. Der Durchmesser des Daches sei 8 m, die Sitzplätze sollen vom Dach 2 m tief herabhängen. Selbst wenn es sich schnell dreht, wenn es in 6,5 Sek. einmal herumläuft, ist das Gleichgewichtsempfinden der Fahrenden nicht im geringsten gestört (wenn sie nicht schwindelig werden, davon später). Für $T = 6{,}5$ sec[1]) schieben sich die Sitzplätze 1,15 m nach außen, der Radius des Krümmungskreises ist also 5,15 m. Die Geschwindigkeit beträgt 5,1 m/sec, die Zentralbeschleunigung 5 m/sec^2. Der resultierende Andruck beträgt 11 m/sec^2 und ist gegen die Senkrechte um $26{,}6^0$ geneigt. Trotz dieser bedeutenden Neigung des Lotes, die ja unser Körper und die Sitzplätze mitmachen, können wir bei geschlossenen Augen einen Stab wagerecht zur Erdoberfläche halten, wenigstens zeigen die Mittelwerte aus verschiedenen Stellungen des Stabes keinen systematischen Fehler. Fährt dagegen (Fig. 49) ein Flieger mit 190 km in der Stunde auf einer Kurve von 520 m Krümmungsradius, so setzt sich für ihn der Andruck aus den nämlichen

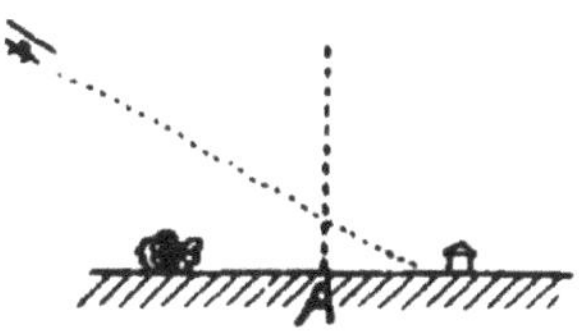

Fig. 49.

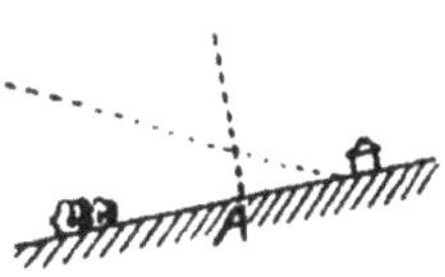

Fig. 50.

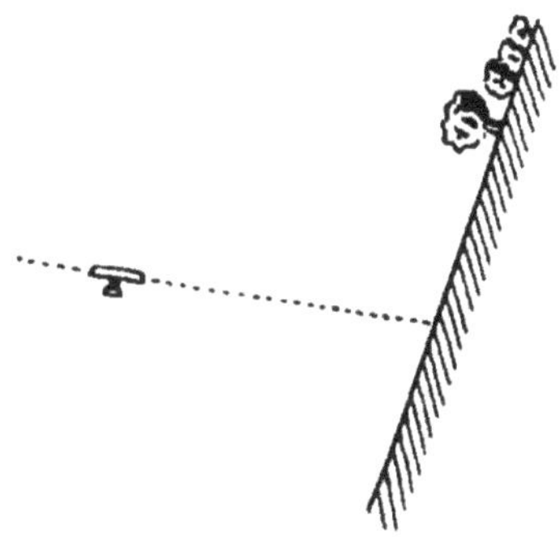

Fig. 51.

Komponenten zusammen, hat also auch diesmal dieselbe Richtung und Größe. Dabei hat der Flieger aber nicht mehr das Gefühl, die Erde stehe fest, sondern er hat den Eindruck, sein Lot sei zur Senkrechten etwa 10^0 geneigt, und die Erde habe sich um 16^0 gehoben und drehe sich um die Achse seiner Bahn *A*. Dabei fühlt er keinerlei Schwindel, solange er nicht über seine Lage nachdenkt. — Der Flieger, von dem ich auf S. 72 sprach, hatte etwa den Eindruck von Fig. 51. Dabei wurde er auch nicht schwindelig, kam sich aber »merkwürdig dünn und schwer« vor. Seine Geschwindigkeit kam ihm »eigentlich gar nicht so groß« vor, ein Zeichen dafür, daß ihm die Zeit langsamer abzulaufen schien als normaler Weise. — Eine ähnliche, wenn auch bedeutend kleinere Neigung der Telegraphenstangen kann man beobachten, wenn man aus dem Fenster eines fahrenden D-Zugs blickt.

Wegen der engen Verbindung verschiedenartiger Komponenten sind die psychischen Wirkungen desselben Andrucks unter verschiedenenen Umständen verschieden. Am wenigsten unangnehm ist der Andruck infolge einer Kreisbewegung. Unangenehmer wirkt er schon bei wagerechter Beschleunigung, noch unangenehmer bei leichter Aufwärtsbeschleunigung (Lift, Bug eines Schiffes bei schwerem Seegang). Kräftigere Aufwärtsbeschleunigung wirkt dagegen keineswegs im selben Maße unangenehm. Fährt ein Lift mit 1 m/sec nach abwärts und wird auf 20 cm abgebremst, so war $^2/_5$ Sek. lang $a = 2{,}5 + g$ m/sec^2; so wird das entschieden unangenehmer empfunden, als wenn $^2/_5$ Sek. lang $a = 25 + g$ m/sec (etwa bei einem Sprung ins

[1]) *T* Umlaufzeit.

Wasser). (Eine Analogie haben wir bei der Kitzlichkeit. Leichte Berührungen kitzeln stärker als kräftigere.) Sehr verschiedene Wirkungen scheint es weiter zu haben, ob wir uns schon in Bewegung wissen oder wenigstens auf das Eintreten des Andrucks vorbereitet sind. Weiter trägt es sehr viel zur psychischen Wirkung bei, ob wir uns als Herren der Beschleunigung fühlen, noch besser, ob wir uns suggerieren können, die betreffende Bewegung selbst zu wollen. Der freiwillige Sprung ins Wasser (besonders wenn wir einfach in aufrechter Haltung springen und die Kniee leicht beugen, so daß wir im Unterbewußtsein den Eindruck bekommen, als wollten wir auf etwas hinabspringen), dieser Sprung, meine ich, hat psychisch eine ganz andere Wirkung als ein unfreiwilliger Absturz.

Es scheinen übrigens nur solche Andrucke so verschieden zu wirken, bei denen die erzeugenden phoronomischen Größen denjenigen ähnlich sind, die wir unter günstigen Umständen noch durch bloße Muskelkraft ohne künstliche Hilfsmittel hervorrufen können. Kräftiger, anhaltender und gleichmäßiger Andruck dagegen scheint unabhängig von der Art seiner Entstehung dieselbe psychische Wirkung zu haben: man verliert den Sinn für die Stellung der Erde und verlegt die Senkrechte in die Lotrichtung (auf Fig. 51 fast erreicht). Man verliert den Überblick über die wirklich ausgeführte Bewegung. Kurven werden unterschätzt. Die Zeit scheint langsamer zu verstreichen (vgl. auch S. 76). Die erwähnten angenehmen oder unangenehmen Nebenwirkungen verblassen um so mehr, je kräftiger und anhaltender der Andruck ist.

Die Schwindelgefühle sind im Grunde genommen recht verschieden. Allen Arten gemeinsam ist nur eines: das Mißtrauen gegen unser topisches Organ und unsere Bewegungsapparate und der Wunsch, uns irgendwo zu halten oder uns so tief als möglich niederzuwerfen. Schwindelig werden wir, wenn unser topischer Sinnesapparat aus irgendeinem Grunde nicht normal arbeitet, also 1. wenn das Gehörwasser statt in Ruhe in Bewegung ist. (Wenn wir uns z. B. rasch drehen, schaukeln usw.) Oder wenn unser inneres Ohr infolge Krankheit in Unordnung gerät (Meniersche Krankheit) und wir uns noch nicht an den neuen Zustand gewöhnt haben (wie etwa die Taubstummen an den Mangel des statischen Organs gewöhnt sind). 2. Wenn die eigentlich doch außerordentlich komplizierte Verbindung der topischen Eindrücke gestört ist, weil die betreffenden Gehirnpartien nicht richtig arbeiten (z. B. wegen Blutandrang, Blutleere, Fieber oder wegen Vergiftung, etwa mit Alkohol oder mit Nikotin). Sei es endlich, weil gewisse Zwangsvorstellungen den normalen Ablauf der Assoziationen verhindern (Höhenschwindel, Lampenfieber, Platzangst u. dgl.). 3. Entsteht Schwindel, wenn die einzelnen Komponenten unseres topischen Empfindens einander widersprechen, so daß es unzulänglich erscheint. Glücklicherweise tritt in diesem Fall der Schwindel fast nur bei intensivem Nachdenken über unsere Lage ein. Bei Kurven werden z. B. die Flieger erst schwindelig, wenn sie sich über die Bewegung der Erde Gedanken machen. 4. Wenn wir uns Mißtrauen gegen unser topisches Organ oder unsere Leistungsfähigkeit suggerieren. Wenn wir uns also sagen, wir seien der bevorstehenden Aufgabe nicht gewachsen. (Daher die alte Regel: beim Dachdecken, Bergsteigen oder Fliegen nicht reflektieren!) — Arbeitet unser topisches Organ an sich normal, so kommt auch bei den tollsten topischen Täuschungen kein Schwindelgefühl auf (vgl. Fig. 51).

Gleichmäßiger Andruck an sich erzeugt keinen Schwindel.

Die tieferen Ursachen der Seekrankheit sind bis heute eigentlich noch nicht erklärt. Sicher ist es nicht »eine Gehirnerschütterung leichter Art« (also eine mechanische Verletzung infolge abnormen Andrucks), wie in manchen medizinischen Büchern zu lesen steht, denn 1. sahen wir, daß das Gehirn ganz andere Erschütterungen verträgt als jene durch schweren Seegang; 2. werden Erwachsene leichter seekrank als Kinder. (Wer möchte sich z. B. stundenlang in einer Wiege schaukeln lassen?!) Wirkliche Gehirnerschütterung tritt aber bei Kindern nachweislich schon bei geringerem Andruck auf als bei Erwachsenen. 3. Die Seekrankheit hört sehr rasch auf, sobald man festen Boden unter den Füßen hat. Eine Gehirnerschütterung, die zu ebenso bedrohlichen Symptomen geführt hat, kann tage-, wochen-, selbst monatelang dauern. 4. Seekrankheit läßt sich durch Suggestion in der Hypnose erzeugen und manchmal auch für einige Zeit heilen, Gehirnerschütterungen nicht.

Es scheint sich bei der Seekrankheit um eine Reizung des parasympathischen Nervenapparates zu handeln. Interessant ist, daß es kein Mittel zu geben scheint, länger als $^1/_2$ Stunde lang Erwachsene schwindelig zu machen, ohne daß Seekrankheit folgen würde. Gleichviel ob nun der Schwindel durch Drehen, Schaukeln, Blutfülle oder Blutleere, Gehirnerschütterung (daher der erwähnte Irrtum), Nikotin oder etwas anderes hervorgerufen wird; halten die Schwindelgefühle nur lang genug an, so kommt auch die Seekrankheit. Umgekehrt kann aber anscheinend Seekrankheit auftreten, ohne daß Schwindelgefühle vorhergegangen wären (nachher ist natürlich Übelkeit und Erbrechen, wenn es einmal da ist, stets mit Schwindel verknüpft, weil dabei der normale Ablauf topischer Assoziationen gestört ist). Bei meiner Rakete erzeugt der abnorme Andruck sicher kein Schwindelgefühl. Ob aber der Beobachter nicht dennoch seekrank wird, ist eine andere Frage. Ich persönlich möchte sie verneinen. Ich glaube, die Seekrankheit ist mehr durch den Wechsel von auf und ab erzeugt. Bei noch so abnormem aber gleichmäßigem Andruck, wenn z. B. das Schiff während der ganzen Fahrt nur über eine einzige riesige Welle gehen müßte, würde keine Seekrankheit entstehen.

Sicher ist der Zusammenhang zwischen unserem Bewußtsein und dem statischen Organ (damit bezeichne ich, wie schon erwähnt, den Kalkkörper im Vorhof des inneren Ohres) während des Schlafes unterbrochen. Sonst wäre es z. B. nicht möglich, daß wir im Traum andere Erlebnisse haben als solche, wo wir in liegender Stellung sind. Dabei aber müssen normalerweise zuerst die Urteilsfunktionen und erst später die Ganglien der Sinnesnerven einschlafen. Andernfalls entsteht der bekannte Traum, daß man kurz vor dem Einschlafen von irgendwo herunterfällt. Man kann diesen Eindruck auch durch

Hypnose oder durch Autosuggestion hervorrufen. (Auf die Einzelheiten kann ich hier nicht näher eingehen.) Wird das statische Organ genügend tief eingeschläfert, so wirkt der erste Schreck nicht mehr als Weckreiz, und man kann nachher die psychischen Wirkungen fehlenden Andrucks beobachten. Es gibt auch Alkaloide, die das Gleichgewichtsorgan betäuben, z. B. Skopolamin von 0,002(!) g aufwärts, leider ist es in dieser Dosis bereits gefährlich. Skopolamin allein genügt übrigens noch nicht, um das Fehlen von Andruck vorzutäuschen, es muß noch der allgemeine Muskel- und Gelenksinn unterdrückt werden (etwa durch Alkohol), desgleichen der Hautsinn (etwa indem man sich ins Wasser begibt oder indem man die Haut an den unterstützten Stellen mit anästhesierenden Stoffen [Kokain] einstreicht). — Auch die berüchtigte Hexensalbe des Mittelalters hatte u. a. die Wirkung, das Gefühl des Andrucks zu betäuben. — Gewisse Bromverbindungen wirken ebenfalls in diesem Sinne auf das statische Organ, stören aber die psychischen Nebenwirkungen fehlenden Andrucks. — Ebenso kann das statische Organ durch Elektrisieren irritiert werden; wir glauben nach der Kathode hin zu fallen.

Vergleicht man die so entstandenen Empfindungen mit denen, die man etwa hat, wenn man von einem hoch gelegenen Punkt abspringt oder abstürzt, so erhält man ein Bild von der psychischen Wirkung fehlenden Andrucks, welches anfangs sicher richtig ist; bei den späteren Etappen bleibt eine ziemliche Unsicherheit, da sie nicht mehr durch den Sprung nachzuprüfen sind.

Fehlender Andruck erzeugt in der ersten Fünftelsekunde Schrecken. Der Schreck ist um so geringer: 1. je öfter wir schon das Fehlen von Andruck erlebt haben; 2. je mehr wir auf sein Eintreten vorbereitet waren. Erlischt das Andrucksempfinden nicht plötzlich, wie beim Absprung oder bei der Hypnose, sondern allmählich, wie bei Anwendung von Giften, so bleibt dieser Schreck ganz aus.

Dem Schrecken folgt eine eigentümliche ziehende Empfindung in der Gegend der Speiseröhre, welche — nach $^1/_2$ Minute etwa — allmählich wieder verlischt. Ebenfalls in der ersten Sekunde beginnen Gehirn und Sinnesorgane außerordentlich intensiv zu arbeiten, die Aufnahmefähigkeit für Sinnes- oder Tasteindrücke steigt, das Gehirn kombiniert unglaublich rasch, die Gedanken und Entschlüsse sind auf konkrete Dinge gerichtet, leidenschaftslos und logisch. Die Zeit scheint sich auszudehnen. Die beiden ersten Minuten kommen einem so vor wie sonst vier Stunden, dabei hat man aber doch ein Gefühl dafür, wieviel Zeit in Wirklichkeit verstrichen ist. Damit geht Hand in Hand eine eigentümliche Unempfindlichkeit gegen Schmerzen und Unlustgefühle, die über den Zustand des Fehlens von Andruck hinausreicht, falls er nicht zu lange dauert. Dies mag auch der Grund dafür sein, daß ein Sprung ins Wasser als Vergnügen und nicht als Tortur empfunden wird. An und für sich wäre ja weder die Bastonnade, die man bekommt, wenn man mit den Füßen voran am Wasser ankommt, noch der Blutandrang nach dem Kopf, wenn der Kopf vorangeht, ein Vergnügen. Eine

Vorstellung von oben und unten bleibt erhalten, muß aber bei geschlossenen Augen nicht notwendig mit der Wirklichkeit übereinstimmen. Das Herz arbeitet schneller als gewöhnlich.

Alle diese Symptome mögen teleologisch zu erklären sein. In der Natur fehlt der Andruck dann, wenn wir von irgendwo abstürzen, und dann kommt alles darauf an, daß wir nicht wehleidig sind, klar und scharf beobachten und jede Möglichkeit zu unserer Rettung erfassen.

Später lassen diese Erscheinungen nach. Das Herz, offenbar ermüdet, arbeitet langsamer als gewöhnlich, auch das Gehirn arbeitet langsamer, die Empfindlichkeit gegen Nadelstiche, Druck und Zwicken steigt, wird aber nicht so groß wie gewöhnlich. Nur die eigentümliche Freiheit von Unlustgefühlen scheint unvermindert fortzubestehen, solange das Andrucksempfinden fehlt. Seekrankheit wurde niemals beobachtet, auch nachher nicht. Übrigens tritt bald Schlafbedürfnis auf; die Träume sind meist angenehm.

Alle diese Erscheinungen nehmen bei Wiederholung eines bestimmten Versuches bedeutend ab. Jeder Flieger wird z. B. bestätigen, daß das ziehende Gefühl in der Brust- und Magengegend bei seinen ersten raschen Abstiegen viel größer war als bei den späteren. Es ist überhaupt die Frage, wie viele der beobachteten Symptome wirklich auf Rechnung des fehlenden Andrucks zu setzen sind. Sie sind ja von der Art, wie sie überhaupt bei Aufregung über eine ungewohnte Situation eintreten. Möglicherweise hätte das Fehlen von Andruck, wenn es uns einmal kein ungewohnter Zustand mehr ist, gar keine psychische Wirkung mehr. Wenn ein Taubstummer, dessen statisches Organ zerstört ist, im Wasser die Augen schließt, so weiß er nicht mehr, wo oben oder unten ist und wird erst ängstlich. Wiederholt er den Versuch öfters (dabei nimmt er vorteilhaft einen Luftschlauch in den Mund), so schwindet schließlich jede Spur von Ängstlichkeit.

Übrigens beobachtet man auch die erwähnten Symptome niemals so klar, wie sie hier der Kürze wegen beschrieben werden mußten, denn alle erwähnten Mittel haben starke psychische Nebenwirkungen. Es wäre also sehr wohl möglich, daß fehlender Andruck andere, vielleicht sogar recht unangenehme Wirkungen hat. Trotzdem würde auch in diesem Fall für den Aufstieg eines Menschen mit der Rakete kein Hindernis vorliegen, denn erstens läßt sich der Zusammenhang zwischen Andrucksempfindungen und Bewußtsein unterbrechen, und zweitens können durch Gewöhnung wohl die psychischen Wirkungen abnormer Andrucksverhältnisse behoben werden. Es müßte also die erste Fahrt nur etwa 50 bis 200 km hoch gehen. (Falldauer 100 bis 200 Sekunden.) Wird hierbei das Fehlen von Andruck gut vertragen, können die folgenden Aufstiege höher gehen. Im andern Falle wären erst die erwähnten Hilfsmittel zu probieren, die den Zusammenhang zwischen Bewußtsein und Andrucksempfinden unterbrechen. So viel über niederen Andruck.

Unsere Widerstandsfähigkeit gegen hohen Andruck müßte experimentell, und zwar schon vor dem Bau des Apparates festgestellt werden. Wir könnten uns dabei eines großen Karussels bedienen

(Fig. 52). Um die Achse A dreht sich ein langgestreckter Metallarm B, B', der durch die Räder C gestützt wird, die auf den Schienen D laufen. Am Ende von B' hängt am Scharnier E' der Wagen F. F berührt den Boden nicht, ist unten vorne mit Rädern, hinten mit Schlittenkufen versehen, kommt also, falls B' bricht, rasch zum Stehen. Am Ende von B' hängt in E ein Ausgleichsgewicht F'. Der ganze Apparat soll möglichst stoßfrei gehen, bei c sollen elastische Federn, die nicht allzu kräftig sind (noch besser: mit Luft gefüllte Kammern L) die Erschütterung aufnehmen. Die Schwingungsperiode dieser federnden Vorrichtungen soll mindestens eine Sekunde betragen. Die Versuchsperson hat ihren Platz in F, von hier aus wird auch die Schnelligkeit des Wagens geregelt. Natürlich wird die Schnelligkeit der Umdrehung genau registriert. Da F im

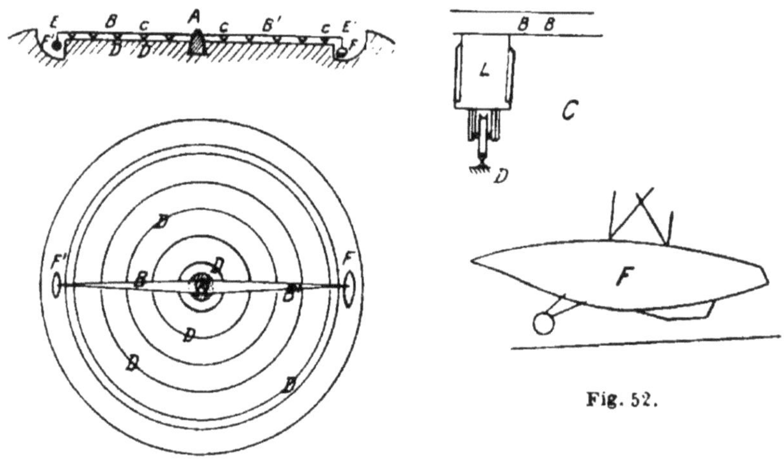

Fig. 52.

Graben G läuft und rings herum die Erde aufgeworfen ist, ist der Versuch weiter nicht gefährlich. Wegen des langsamen Anfahrens, der Größe des Krümmungskreises (der Krümmungsradius soll nicht unter 60 m betragen) und der stoßfreien Bewegung glaubt die Versuchsperson, der Andruck stehe fast senkrecht, und wir haben so ein Mittel, neben der physiologischen die psychische Wirkung hohen Andrucks zu beobachten. Ich möchte hier auch erwähnen, daß die Rakete, von der die Rede ist, auch nicht genau senkrecht aufsteigt (vgl. I, § 7, 20 γ). Das erwähnte Karussel könnte auch direkt zum Training benutzt werden.

Soviel über die Wirkungen abnormen Andrucks. Ich habe so ausführlich darüber geschrieben, weil wohl die meisten Leser kein klares Bild davon hatten. Auch mußte ich zeigen, daß durch die Wirkungen ungewöhnlichen Andrucks auf unseren Körper keine unüberwindlichen Schwierigkeiten entstehen.

Verträgt der Mensch z. B. 40 m/sec² Andruck, so darf die Beschleunigung in der Senkrechten $b = (40 - g) \approx 30$ m/sec² betragen. Soll $v_1 = 9000$ m/sec ausmachen, so dauert der Antrieb 300 Sek. Dabei gehen $\int_0^{300} g \cdot dt = 2400$ m/sec Antrieb durch die Erdanziehung verloren, weitere 200 m/sec zehrt der Luftwiderstand auf. Wäre alle Antriebskraft der Beschleunigung zugute gekommen, so hätte der ideale Antrieb $v_x \approx 11600$ m/sec betragen müssen. Wie wir sahen, läßt sich das erreichen.

Anmerkung: Unsere Kenntnis über die physiologische und psychische Wirkung abnormer Andrucksverhältnisse ist heute noch ziemlich lückenhaft. Ich wäre daher für jede Mitteilung auf diesem Gebiet aufrichtig dankbar[1]). Ich wollte hier eigentlich nur beweisen, daß auch auf diesem Gebiet Vorarbeit möglich ist.

§ 15. Gefahren beim Aufstieg.

Der Aufstieg ist weit weniger gefährlich, als man aufs erste meinen sollte. Man betrachte Fig. 53[2]).

Der Führer befindet sich in der Kammer *I*; diese hat 1,5 bis 2,5 cm dicke Wände aus Aluminium, die Fenster sind während des Aufstieges mit ähnlichen Aluminiumplatten von außen zugedeckt. Daß die Kammer platzen könnte, scheint mir ziemlich ausgeschlossen. Oberhalb der Kammer befindet sich der Fallschirm. Die Spitze kann jederzeit abgeworfen werden, worauf er sich in der Luft ausbreitet. Während des Aufstieges drohen dem Führer nur drei Gefahren:

1. Versagen der Pumpen,
2. Versagen der Steuervorrichtung,
3. Explosion.

Nun steigt der Apparat, wenn möglich, über einer großen Wasserfläche auf (schon der abgeworfenen A.R. wegen). Versagen die auf S. 64 erwähnten Pumpen, so fällt der Apparat ins Wasser; da er schwimmt, tut das nichts. — ad 2: Tritt a) ein Bruch einer Schwanzflosse, b) ein Versagen des Steuermechanismus ein, so braucht der Führer nur die Pumpen abzustellen, worauf der Apparat fällt. — ad 3: Es können 4 Arten von Explosionen auftreten: a) eine Explosion im Verbrennungsraum oder im Pumpenraum der A.R. kann nur am Anfang der Fahrt eintreten. Sie ist nämlich um so mehr zu befürchten, je größer der geforderte Rückstoß (*P*) ist. Da die Beschleunigung nicht über einen gewissen Höchstwert hinaussteigen darf, nimmt mit dem Abnehmen der Masse auch *P* bald wieder ab (anfänglich wächst *P* wegen des zunehmenden Luftwiderstandes etwas). Nun beachte man Fig. 53. Es ist an und für sich unwahrscheinlich, daß bei einer solchen Explosion Metallteile in der Richtung nach *I* geschleudert werden. Diese Wirkung könnte fast nur eine Explosion in der obersten Pumpenkammer haben. Würde dieser Fall aber doch eintreten, so würden die (gefüllten) Flüssigkeitsbehälter der A.R. und der H.R. als Puffer wirken, desgleichen die starkwandigen Pumpenkammern der H.R. b) Eine Explosion der Pumpenkammern der H.R. wäre an und für sich weniger heftig wie die vorige. Dabei genügen die Flüssigkeitsbehälter der H.R.

---

[1]) Noch besser wäre es natürlich, wenn sich Physiologen und Psychologen vom Fach der Sache annehmen würden.

[2]) siehe Anhang

völlig als Puffer. c) d) Die Explosion eines Flüssigkeitsbehälters unter dem eigenen Überdruck ist erstens unwahrscheinlich, und zweitens hätte er kaum schwerere Folgen für den Führer; bei der A.R. nicht, denn da schützt den Führer die H.R., beider H.R. nicht, denn ihr Überdruck ist dazu zu gering. Ebenso wäre es für den Führer nicht schlimm, wenn etwa die H.R. durch den Gegenwind zusammengepreßt würde (was nur zu Beginn eintreten kann). Nun würde bei jeder Explosion Flüssigkeit heraustreten, die voraussichtlich Feuer fangen würde. Nun ist aber *I* auf der einen Seite vom anfangs feucht gehaltenen Fallschirm eingehüllt, auf der andern Seite muß sowieso ein Wärmeschutz gegen den außerordentlich kalten flüssigen Wasserstoff sein. Solange dieser nicht selbst im Innern der H.R. brennt, schützt er selbst *I* sehr wirksam gegen das Feuer, brennt er aber selbst, so wird die Spitze samt *I* wegen der schwachen Wände der H.R. weggeblasen. Aber selbst wenn dies nicht eintreten sollte, so wird in diesem Fall (der überhaupt nur möglich ist, wenn flüssiger Sauerstoff in den Wasserstoffraum tritt), der Wasserstoff in 2 bis 3 Sekunden aus seinem Behälter herausgetrieben und bleibt seines geringen spezifischen Gewichtes wegen hinter der Bewegung der Rakete zurück, so daß auch hieraus dem Führer kein Nachteil entstehen kann. Man sieht also, innerhalb der Erdatmosphäre drohen ihm keine andern Gefahren als die, die sich etwa aus zu hohem Andruck ergeben könnten.

Während der freien Fahrt der Rakete bilden umherfliegende Meteoriten eine gewisse Gefahr (Zodiakallicht). Glücklicherweise werden Meteoriten um so seltener, je größer sie sind. Meteoriten von der Größe, daß sie eine 2 cm dicke Aluminiumplatte durchschlagen können, sind schon (ausgenommen zur Zeit der Sternschnuppenfälle) so selten, daß aller Wahrscheinlichkeit nach die Rakete durchschnittlich über 100 Jahre lang fliegen könnte, bis sie einen trifft. (Aus der Zahl und der Leuchtkraft der Sternschnuppen zu berechnen, unter Berücksichtigung der Fläche, über der sie gesehen wurden, ihrer Geschwindigkeit und der Anziehungskraft der Erde.) Übrigens müssen kleinere Löcher in der Wand der Kammer *I* dem Führer nicht unbedingt das Leben kosten. Es muß sowieso die Luft in *I* fortwährend erneuert werden (etwa durch Verdampfen von flüssigem Sauerstoff, vgl. S. 84). Den Lufterneuerer kann man leicht so bauen, daß er den Luftdruck in *I* automatisch auf derselben Höhe hält und vielleicht beim Entweichen von Luft den Führer alarmiert, der dann das Loch dadurch schließen kann, daß er eine Kautschukplatte darauf legt. Durch den inneren Luftdruck wird diese gegen das Loch gepreßt und dichtet es ab. Falls *I* im Wasser niedergehen soll, muß diese Kautschukplatte später irgendwie an der Wand angeheftet werden.

Ob der Niedergang gefährlich ist, das hängt natürlich in erster Linie vom Ort des Niedergangs ab. Niedergang im Wasser ist völlig ungefährlich. Am Lande hängt fast alles vom Fallschirm ab. Der Ort des Niederganges läßt sich berechnen und, wie wir noch sehen werden, vom Führer beeinflussen.

§ 16. Einrichtung der Rakete.

Über die Einrichtung dieser Rakete will ich nur das Notwendigste sagen.

Die Präzisionsinstrumente entsprechen im allgemeinen denen, die auf S. 55 ff. beschrieben wurden.

Zu 2 ist zu bemerken: Wenn der Apparat eine Neigung nach Osten zu erhalten soll, so müssen 2 Steuerkreisel vorhanden sein. Einer in der horizontalen und einer in einer Vertikalebene, erwünscht ist endlich noch ein dritter senkrecht zu den beiden andern, um sie zu kontrollieren.

Zu 3: In diesem Falle werden alle drei Richtungen der Beschleunigung im Raum aufgenommen. Die Beschleunigungsanzeiger stehen natürlich mit Kreiseln in Verbindung. Aus den drei Beschleunigungskomponenten werden die drei Geschwindigkeitskomponenten, aus diesen die drei Raumkoordinaten (bezogen auf den Sonnen- oder Erdmittelpunkt) durch eine Art mit Uhrwerk verbundener Planimeter erhalten. Diese Planimeter sind im wesentlichen kegelförmige Räder mit verschiebbarer Achse und konstanter Umlaufsgeschwindigkeit (vgl. auch S. 56). Noch einfacher können diese Größen aus den Beschleunigungsangaben durch einen elektrischen Strom integriert werden, falls sich dies nämlich genau genug durchführen läßt. — Nun herrschen überall, wo sich die Rakete befindet, bestimmte Gravitationsbeschleunigungen, die wir auch in die Rechnung bringen müssen, wenn der Apparat richtig zeigen soll. Es ist also nötig, daß auf die erwähnten Gewichte des Beschleunigungsanzeigers außerdem noch ein Einfluß ausgeübt wird, der der betreffenden Gravitationskomponente proportional ist. Das läßt sich erreichen, etwa durch den folgenden Apparat:

Angenommen, wir haben die drei Raumkoordinaten, bezogen auf den Erdmittelpunkt ($x\ y\ z$), auf irgendeine Weise erhalten, so lassen wir x^2, y^2, z^2 bilden. Das können wir z. B., wenn wir im richtigen Verhältnis zu x, y, z Blechstreifen unter einer Rolle verschieben lassen. Die untere Kante dieser Streifen ist gerade (vgl. Fig. 32), die obere ist in bestimmter Weise gekrümmt, so daß die Bewegung der Rolle eine bestimmte Funktion der Wegkomponente darstellt. Dann addieren wir mechanisch diese Wirkungen ($x^2 + y^2 + z^2 = h^2$) und lassen der Gesamtwirkung entsprechend eine gleichseitige Hyperbel unter einer Rolle laufen, das gibt die Wirkung: $g = g_0 \cdot r^2 \cdot \left(\frac{1}{h^2}\right)$. Diese Wirkung ist dann im Verhältnis der drei Richtungscoss., also im Verhältnis $x : y : z$ zu teilen; wir können z. B. einen g proportionalen Strom (durch eine Art Wage zu regulieren), in drei Äste teilen und $\frac{1}{x}, \frac{1}{y}, \frac{1}{z}$ proportionale Widerstände einschalten, die einfach durch die Raumkomponenten bedient werden. Damit ist die Aufgabe auch schon gelöst, denn die drei Ströme können an den drei Gewichten leicht g_x, g_y, g_z proportionale Kraftwirkungen ausüben. Natürlich sind auch zahlreiche andere Lösungen möglich. Dieser Apparat wäre natürlich nur in der Nähe der Erde zu gebrauchen. Wesentlich komplizierter wird der Apparat, wenn auch die Änderung des Schwerefeldes durch die Bewegung der Erde und der übrigen Himmelskörper dazu kommen soll. Aus der allgemeinen Relativitätstheorie Einsteins und der Theorie der Riemannschen Krümmungen kann man schließen, daß in diesem Fall zehn verschiedene Funktionsstreifen notwendig werden.

Anmerkung: Der Ausdruck »Gewicht an einer elastischen Feder« war eigentlich mehr eine vorläufige Annahme, ein Bild, um die Beschreibung anschaulicher zu machen. In Wirklichkeit würde ich etwa die Masse einer Quecksilbersäule gegen die Elastizität eines abgeschlossenen Luftvolumens wirken lassen: Das Glasrohr G_1, welches nicht zu weit sein darf, steckt luftdicht im Glasrohr G_2, und reicht hier nicht ganz bis auf den Boden. Die beiden Luftvolumina L_1 und L_2 sind von einander durch Quecksilber Q getrennt, das dünn gezeichnete Stück von G ist amalgamiert oder vergoldet. Wächst der Andruck, so wird L_1 größer und L_2 kleiner, wodurch der Draht d_1 weiter aus dem Quecksilber auftaucht, dadurch wird ein Strom, der durch $d_1 d_2$ geht, geschwächt. v ist ein Ventil, um nach L_2 Luft zu pumpen oder Luft abzusaugen, falls der Apparat nicht richtig zeigt. Der Dämpfungsfaktor der Schwingung soll 2,1 betragen, oder aber es muß die Schwingungsdauer sehr lang sein. Der Einfluß der Gravitationskomponenten kann dadurch in Rechnung gebracht werden, daß außen in den Strom durch d_1, d_2 regulierbare Widerstände eingeschaltet sind.

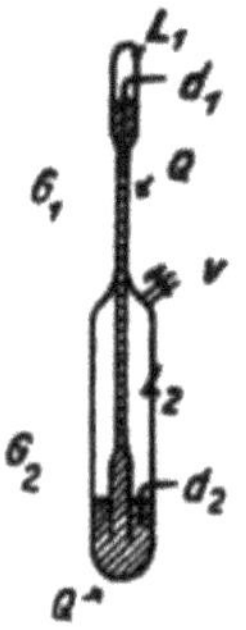

Fig. 54.

Ein solcher Apparat wird natürlich dadurch kontrolliert, daß der Führer den angularen Durchmesser der Erde und ihre Stellung zu den übrigen Gestirnen jederzeit beobachten und daraus auf h und v schließen kann. Dadurch wird der Apparat aber keineswegs überflüssig, denn erstens wird er dem Führer eine willkommene Kontrolle sein. Abweichungen der Zeigerangaben werden zwar stets vorhanden sein, denn ein so komplizierter Apparat wird niemals ganz exakt arbeiten, diese Abweichungen müssen aber einen bestimmten Gang aufweisen. Zweitens behält der Führer dabei mehr Muße für die Beobachtungen. Wie denn die Rakete überhaupt so einzurichten ist, daß sie möglichst automatisch arbeitet.

Der unter 8 beschriebene Apparat fällt hier fort, da die günstigste Geschwindigkeit $\bar{v}$ nicht eingehalten wird. Die Geschwindigkeit wird hier von einem Gewicht reguliert, welches an einer elastischen Feder hängt und den Andruck auf derselben Höhe hält. Ändert der Führer die Aufhängung dieser Feder (bei Verwendung von Quecksilberröhren den oben erwähnten Regulierwiderstand), so ändert sich die Beschleunigung.

8a: Hier muß die Wasserstoffrakete natürlich nicht einfach abbrennen, sondern sie kann vom Führer abgestellt und später wieder angelassen werden. Zu erwähnen wäre noch folgendes: Stellt der Beobachter die Brennstoffzufuhr zu den Pumpen $p_{1,2}$ und mn ganz ab, so tritt freie Fahrt ein, dabei ist die Rakete keinem Andruck ausgesetzt. Da nun sowohl flüssiger Sauerstoff als auch ganz besonders flüssiger Wasserstoff die Wände des Behälters benetzt, so sammeln sich diese Flüssigkeiten an den Wänden an und drängen die Dämpfe nach der Mitte (vgl. Fig. 12). Nun befinden sich die Ventile, die die Flüssigkeit nach den Pumpen bringen, ziemlich am

Boden (also an der Wandung). Sie würden aber auch dann noch mit Flüssigkeit überzogen sein, wenn sie weit in das Innere hineinreichen würden. Werden diese Ventile geöffnet, so treibt der Innendruck auch bei fehlendem Andruck Flüssigkeit hindurch, nicht etwa Gas. (Anders steht es mit den Sicherheitsventilen, doch werden diese jetzt nicht gebraucht.) Die Rakete kann also auch bei freier Fahrt im Ätherraum tatsächlich jederzeit wieder in Gang gesetzt werden. Der Andruck darf nur nicht in der Richtung von der Mündung nach der Spitze wirken; eine Rakete, bei der dies zu befürchten ist, muß für diesen Fall besondere Flüssigkeitsventile haben.

Zu 10 ist zu bemerken: Die Spitze *a* läßt sich auch hier abwerfen, und der Fallschirm läßt sich weit von der Kammer *I* des Beobachters abstrecken. Da *I* mit der H.R. nur durch elektrische Leitungen zusammenhängt, kann *I* ebenfalls weit abgestreckt werden, wodurch der Ausblick nach allen Seiten des Raumes frei wird (vgl. Fig. 55). Da der Andruck fehlt, kann man den Sachen leicht jede Stellung zueinander geben. Damit, daß hier *a* bei *I* in der angegebenen Stellung festgehalten wird, soll folgendes angedeutet werden: Die Solarkonstante beträgt in der Entfernung der Erde (Mittel aller seit 1900 angegebenen Werte) 2,3 gcal/min·cm². Nach den Gesetzen der Wärmestrahlung würde eine kleine Kugel mit gleichartiger Oberfläche, die frei im Weltraum schwebt, hierdurch kaum über 240° über den absoluten Nullpunkt erwärmt, dann würde bereits Gleichgewicht zwischen der ein- und ausstrahlenden Wärme eintreten. (Daß die Durchschnittstemperatur unserer Erde + 15° beträgt, hängt davon ab, daß sie selbst Wärme ausstrahlt.) Ich kann nun die Kammer *I* auf der einen Seite blank lassen und auf der andern schwarz anstreichen. Ist *I* zylindrisch, und ich drehe die schwarze Hälfte gegen die Sonne, so steigt die Temperatur bis auf 25° C. In größerer Entfernung von der Sonne wäre sie aber auch dann noch zu gering, ich könnte sie aber noch höher hinaufbringen: a) wenn ich *I* die Form eines quer durchgeschnittenen Zylinders (vgl. Fig. 56) gebe, die Schnittfläche schwarz färbe und senkrecht zu den Sonnenstrahlen stelle. Hierdurch würde aber *I* zu schwer, deshalb wählte ich den Weg, durch das hohle spiegelnde Innere von *a* die Sonnenwärme auf *I* zu konzentrieren.

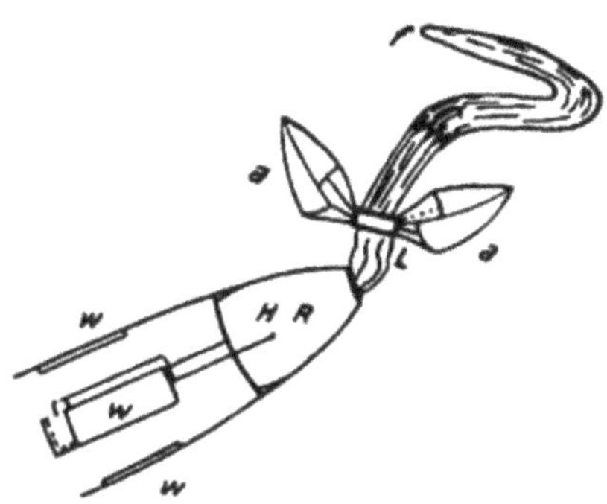

Fig. 55.

Fig. 56.

Anmerkung: Bei dieser Vorrichtung wäre die Innentemperatur durch geeignete Stellung von *I* und *a* vom Rande der Sonnenatmosphäre bis zur Zone der Asteroiden auf erträglicher Höhe zu halten.

Vor dem Abstieg läßt sich *I* wieder an die H.R. heranziehen und da befestigen. Die H.R. selbst ist ebenfalls auf der einen Seite heller als auf der andern. Dreht man sie mit der hellen Seite gegen die Sonne, so bleibt der Wasserstoff ohne zu verdampfen.

Zu diesen Apparaten, die auch beim Modell B[1] im Prinzip vorhanden sind, kommen nun noch einige besondere. Ich will hier nur den Lufterneuerungsapparat erwähnen. An *I* befinden sich zwei Behälter mit flüssigem Sauerstoff und Stickstoff für den Fall, daß *I* undicht wird. Diese werden geeignet aufgestellt, damit die Sonne sie verdampft. Sie können aber, falls in *I* der Luftdruck sinkt, auch künstlich erwärmt werden. Die verbrauchte Luft wird bei kurzen Fahrten durch Kalium causticum gereinigt, bei längeren Fahrten strömt sie durch ein schwarzes Rohr auf der Schattenseite, dabei schlagen sich alle Verunreinigungen nieder, und es bleibt zuletzt nur noch gasförmiger Sauerstoff und Stickstoff; diese werden vom Rohr weiter auf die Sonnenseite geleitet und angewärmt und treten hierauf wieder bei *I* ein. Um das Rohr von den Niederschlägen zu reinigen, wird es zeitweilig ganz auf die Sonnenseite gebracht, von *I* abgesperrt und geöffnet, worauf diese Stoffe wieder verdampfen und in den leeren Raum ausströmen.

Zu erwähnen wären vielleicht noch die Periskope (Fig. 53, S. 78, *PP*), die auch während des Antriebs die Beobachtung der Erde gestatten, und endlich die Apparate, die den besonderen Zwecken der Fahrt dienen.

Der Raum *I* ist etwas über 2 m lang, hat 1,20 m Durchmesser, während des Aufstieges und Abstieges liegt der Führer in einer Hängematte, die in der Zwischenzeit zusammengerollt wird, so daß Raum für Bewegung frei bleibt.

§ 17. Ausblicke.

Mit dem Vorstehenden ist wohl bewiesen, daß es beim heutigen Stande der Wissenschaft und Technik möglich ist, Maschinen zu bauen, die kosmische Geschwindigkeiten erlangen können, und daß es dem Menschen wahrscheinlich möglich ist, mit solchen Maschinen selbst mitzufahren. Ich möchte jedoch diese Abhandlung nicht schließen, ohne darüber zu schreiben, ob auch irgendwelche Aussicht besteht, daß derartige Apparate einmal wirklich gebaut werden. Ich will nicht behaupten, daß dies bereits in den nächsten 10 Jahren geschehen wird, ich möchte aber zeigen, was diese Apparate nützen und was sie kosten würden, um hieraus einen Schluß darauf zu versuchen, ob sie jemals ausgeführt werden.

Modell B käme mit den Vorversuchen auf 10000 bis 20000 M. Friedenswährung. Außer den in § 11 angeführten Messungen würde dies Modell keinen Nutzen bringen. Nun ist ja der Nutzen irgendeiner wissenschaftlichen Entdeckung vorher nicht abzuschätzen. Es haben oft genug Dinge, die scheinbar ganz abseits vom täglichen Leben liegen, später die höchste praktische Bedeutung erlangt. (Ich erinnere hier nur an die Elektrizität.) Wenn man indessen von der Allgemeinheit für irgendeinen Zweck Geld haben will, so muß man entweder in der Lage sein, ihr einen direkten greifbaren Vorteil zu sichern, oder man muß die Sache wenigstens sehr populär machen können. Beides kann ich beim Modell B nicht in ausreichendem Maße.

[1]) siehe Anhang

Aber wie steht es mit den großen Maschinen, die auch Menschen in die Höhe tragen können?

Mit dem eben beschriebenen Apparat lassen sich zunächst folgende Versuche und Beobachtungen ausführen. Diese Versuche werden dadurch erleichtert, daß sich der (oder die) Beobachter selbst in einem Taucheranzug aus dem Apparat herausbegeben, und da kein Andruck herrscht, jeden beliebigen Punkt erreichen können. Sie müssen sich bloß mit einer Schnur am Apparat anbinden, an dem sie sich wieder zurückziehen können. Versuche:

a) Versuche, die nur in einem großen luftleeren Raum möglich sind.

b) Während der freien Fahrt ist der Apparat keinem Andruck ausgesetzt. Daher lassen sich viele physikalische und physiologische Versuche ausführen, die auf der Erde der Schwere wegen unmöglich sind.

c) Im Ätherraum können Fernrohre von jeder Größe benutzt werden, da die Sterne nicht flimmern. Zustatten kommt uns dabei die schwarze Farbe des Himmels sowie das Fehlen des Andrucks und der Luft. Als Objektiv genügt ein großer, mäßig beschatteter Hohlspiegel aus Metallblech. Wird dieser an drei Stahlbändern einige Kilometer von der Rakete abgestreckt, so erhalten wir ein Teleskop, welches für die meisten Zwecke den besten Instrumenten der Erde hundertfach überlegen ist. (Bereits durch viel kleinere Instrumente wären die Fragen, ob die Planeten bewohnt sind, die Frage nach der Bahn der größeren Meteoriten, die die Fahrt zum Planeten gefährden könnten, die wichtigsten Fragen der Fixsternastronomie u. a. zu lösen.)

d) Da der Himmel vollkommen dunkel ist, genügt ein Abblenden der Sonnenscheibe, um die Sonnennähe nach Belieben zu beobachten.

e) Gewisse Untersuchungen über strahlende Energie sind auf der Erde nicht möglich, da die Atmosphäre kurzwellige Lichtstrahlen verschluckt. — Gewisse Wellenlängen können wir auch künstlich nicht erzeugen. Diese müssen aber im Weltraum aus dem Lichte blauer und ultravioletter Sterne leicht zu bekommen sein. Gerade diese könnten leicht, da ihre Wellenlänge der Größe von Molekülen und Atomen gleichkommt, zu den interessantesten und weittragendsten physikalisch-chemischen Entdeckungen führen.

f) Wir können feststellen, wie groß die strahlende Energie ist, die aus verschiedenen Gegenden des Himmels kommt. Schützen wir einen Körper durch glänzende Blechplatten, hinter denen wir ihn frei schweben lassen, gegen alle größeren Mengen strahlender Energie (vor allen Dingen gegen die Sonnenstrahlen), und tragen wir anderenteils dafür Sorge, daß seine eigene Wärme nach den kälteren Teilen des Raumes ausstrahlen kann, so können wir seine Temperatur außerordentlich nahe an den absoluten Nullpunkt heranbringen, viele 1000 mal näher z. B. als die Temperatur des festen Heliums. Es ist nicht ausgeschlossen, daß dabei z. T. ganz neuartige Erscheinungen (z. B. im Verhalten der Elektronen usw.) eintreten. Mindestens wäre es der Mühe wert, diesen Versuch zu machen.

g) Endlich könnte eine derartige Rakete bei $v_1 = 11$ km/sec Anfangsgeschwindigkeit um den Mond fahren und die unbekannte Hemisphäre erforschen.

Dennoch glaube ich nicht, daß sich um dieser Versuche willen schon die Mittel zum Bau derartiger Maschinen finden würden. Der Bau eines solchen Apparates würde auf über 1 Million Mark Friedenswährung kommen, er könnte bei richtiger Behandlung an 100 mal aufsteigen, würde aber für jeden Aufstieg bei einem Beobachter fast 25000 kg Alkohol, 4000 kg Wasserstoff und die entsprechende Menge Sauerstoff brauchen und würde mit dem Wasser zusammen rund 300000 kg wiegen. Ein Apparat für zwei Beobachter müßte schon mindestens 400000 kg wiegen.

Lassen wir nun aber derartige Raketen größten Maßstabes im Kreis um die Erde laufen, so stellen sie sozusagen einen kleinen Mond dar. Sie müssen auch nicht mehr zum Niedergehen eingerichtet sein. Der Verkehr zwischen ihnen und der Erde kann durch kleinere Apparate aufrecht erhalten werden, so daß diese großen Raketen (wir wollen sie Beobachtungsstationen nennen) oben immer mehr für ihren eigentlichen Zweck umgebaut werden können. Sollte der fehlende Andruck bei dauerndem Aufenthalt üble Folgen zeitigen, was ich aber bezweifle, so könnten zwei solcher Raketen durch ein Drahtseil von einigen Kilometern Länge miteinander verbunden werden und umeinander rotieren. — Der Zweck dieser Beobachtungsstationen wäre nun folgender:

1. Mit ihren scharfen Instrumenten könnten sie auf der Erde jede Kleinigkeit erkennen und könnten mit geeigneten Spiegeln nach der Erde Lichtsignale geben. Sie ermöglichen: telegraphische Verbindung mit Orten, zu denen weder Kabel noch elektrische Wellen gelangen. Da sie bei klarem Himmel nachts eine Kerze, tags einen Taschenspiegel bereits bemerken, wenn sie nur wissen, wo sie ihn suchen sollen, so können sie namentlich zur Verbindung von Expeditionen mit dem Heimatland, von weit vorgeschobenen Kolonien mit dem Mutterland, für die Schiffahrt usw. viel beitragen. Dadurch, daß sie unerforschte Länder und unbekannte Völker (Tibet) beobachten und photographieren, können sie natürlich auch der Erd- und Völkerkunde nützen. Ihr strategischer Wert, besonders bei Kriegsschauplätzen mit geringer durchschnittlicher Bewölkung, liegt auf der Hand; sei es, daß der Staat, dem sie gehören, selbst Krieg führt, sei es, daß er sich ihre Berichte von den Kriegführenden teuer bezahlen läßt. Bei kleinen ebenen Spiegeln, und wenn die Station nicht zu weit ist, ist das Spiegelsignal nur auf beschränktem Raume wahrzunehmen. Weiter bemerkt die Station jeden Eisberg und kann die Schiffe warnen; entweder indirekt, indem sie den Eisberg einer Seewarte meldet, die dann die telegraphische Bekanntgabe seines Ortes veranlaßt oder, wenn ihre Spiegel so stark sind, daß das Schiff sie durch die meist nebelige Luft hindurch bemerkt, auch direkt. Das Unglück der Titanic von 1912 wäre z. B. auf diese Weise verhindert worden. Auch zur Rettung Schiffbrüchiger, für den Zeitungsdienst usw. können diese Stationen viel beitragen.

2. Dies wäre nun schon ein gewisser praktischer Nutzen. Aber größer wäre der folgende: Man könnte ein kreisförmiges Drahtnetz (Fig. 57) durch Drehung um seinen Mittelpunkt ausbreiten. In die die Lücken zwischen den einzelnen Drähten (hier übertrieben groß gezeichnet) würden bewegliche Spiegel aus leichtem Metallblech eingesetzt, so daß man ihnen von der Station aus durch elektrische Ströme jede Stellung zur Ebene des Drahtnetzes geben kann. Der ganze Spiegel würde in einer Ebene senkrecht zur Ebene der Erdbahn um die Erde gravitieren, und das Netz wäre gegen die Sonnenstrahlen um 45° geneigt. Durch geeignete Stellung der einzelnen

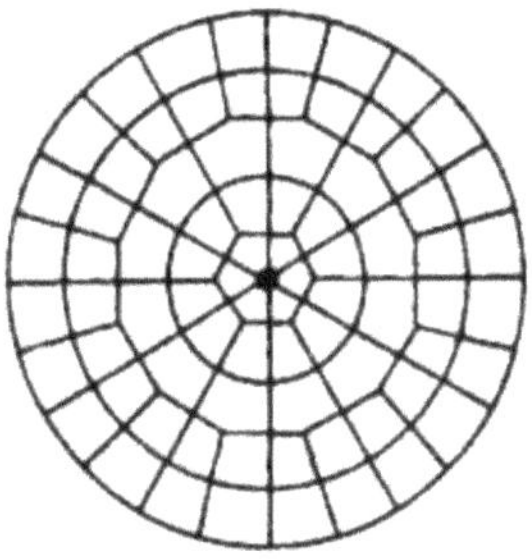

Fig. 57.

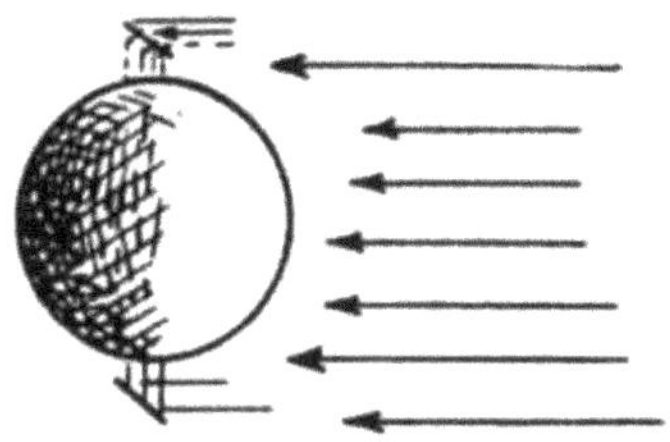

Fig. 58.

Facetten könnte man nun die ganze vom Spiegel zurückgestrahlte Sonnenenergie nach Bedarf auf einzelne Punkte der Erde konzentrieren oder auch auf weite Länderstrecken ausdehnen, oder, wenn man keine Verwendung dafür hat, sie in den Weltraum strahlen lassen. Ist z. B. der Spiegel 1000 km weit, so hätte das Sonnenbild jeder Facette 10 km im Durchmesser; würden sich alle decken, so würde die Energie auf einen Raum von 78 km² konzentriert; da die spiegelnde Fläche beliebig groß sein kann, können kolossale Wirkungen erzielt werden. Es könnte z. B. der Weg nach Spitzbergen oder nach den nordsibirischen Häfen durch solche konzentrierte Sonnenstrahlen eisfrei gehalten werden. Hätte z. B. der Spiegel auch nur 100 km Durchmesser, so könnte er weiter durch zerstreutes Licht weite Länderstrecken im Norden bewohnbar machen, in unseren Breiten könnte er im Frühjahr die gefürchteten Wetterstürze (Eismänner) und im Herbst und im Frühjahr die Nachtfröste verhindern und damit die Obst- und Gemüseernten ganzer Länder retten. Besonders bedeutungsvoll ist, daß der Spiegel nicht über einem Punkte der Erde feststeht, und daher alle diese Aufgaben gleichzeitig leisten kann.

Bei der Frage nach dem Material dieses Spiegels müssen wir uns klar machen: 1. daß kein Sauerstoff zugegen ist, 2. daß er selbst sich nur wenig erwärmt. Er bleibt noch kälter, wenn wir ihn auf der Rückseite rauh lassen oder gar schwarz färben. Als Material würde ich Natrium vorschlagen, welches bei den betreffenden Verhältnissen das spezifische Gewicht 1, eine bedeutende Zugfestigkeit und Silberglanz besitzt. Es kann von den einzelnen Raketen in großen Stücken mitgenommen und, da es dann noch die gewöhnliche Temperatur hat, oben außerhalb der Raketen leicht zu Blech ausgewalzt oder als Draht oder Band aus der Rakete hinausgepreßt werden. Die Aneinanderfügung der einzelnen Stücke kann von Leuten im Taucheranzug besorgt werden, desgleichen das Polieren. Hat das spiegelnde Blech die Dicke von 0,005 mm und ist die Masse der Drähte usw. ebenso groß wie die des Blechs, so wiegt das Ganze pro Quadratmeter 10 g, pro Hektar 100 kg. Beim regelmäßigen Verkehr der Raketen mit der Beobachtungsstation kostet der Aufstieg einer Rakete, die neben dem übrigen 2000 kg Natrium emportragen kann, alles in allem 50000 bis 60000 M. Goldwährung. Also kommt das Hektar des Spiegels im ganzen auf 3500 M. Rechnen wir, daß durch 1 Hektar Spiegelfläche 3 Hektar der Polarländer kultiviert würden, so sehen wir, daß wohl einmal eine Zeit kommen kann, wo dieser Spiegel und damit die ganze Erfindung rentabel wird.

Ein Spiegel von 100 km Durchmesser würde auf diese Weise etwa auf 3 Milliarden Mark zu stehen kommen, und zu seinem Bau wären, wenn jede Woche 100000 kg Natrium hinaufgeführt würden, ca. 15 Jahre erforderlich. Da nun ein solcher Spiegel leider auch hohen strategischen Wert haben könnte (man kann damit Munitionsfabriken sprengen, Wirbelstürme und Gewitter erzeugen, marschierende Truppen und ihre Nachschübe vernichten, ganze Städte verbrennen und überhaupt den größten Schaden anrichten), wäre es sogar nicht einmal ausgeschlossen, daß einer der Kulturstaaten bereits in absehbarer Zeit an die Ausführung dieser Erfindung geht, zumal sich auch im Frieden ein großer Teil des angelegten Kapitals verzinsen dürfte.

3. Noch eins möchte ich hier erwähnen: Die Beobachtungsstation könnte gleichzeitig Brennstoffstation sein, denn wenn der Wasserstoff und der Sauerstoff gegen die Sonnenstrahlen geschützt werden, so halten sie sich hier beliebig lange Zeit im festen Zustand. Eine Rakete, die nun hier nachgefüllt wird und von der Beobachtungsstation abfährt, leidet unter dem Luftwiderstand gar nicht und unter der Verzögerung durch die Schwerkraft nur wenig. Ihre Beschleunigung und mithin $\frac{p_d}{p_0}$ darf sehr klein sein, wodurch nach I., § 4, (12) die Treibkraft der Brennstoffe gewaltig ausgenutzt wird. Wenn die Rakete niemals durch eine Atmosphäre dringt oder Andruck ausgesetzt werden soll, so liegt auch ihre Form und Festigkeit ganz in unserem Belieben; b darf beliebig klein sein (vgl. hierzu auch I., § 7, 15 u. 17), und wir können die Behälter zudem aus Natriumblech machen. Dabei wird $\frac{m_0}{m_1}$ sehr groß. Zudem braucht sie keine sehr hohe Anfangsgeschwindigkeit, um den Anziehungsbereich der Erde zu verlassen, denn erstens ist bei der Beobachtungsstation das Potential der Erde sowieso kleiner, zweitens muß der Antrieb dieser Rakete nur die Differenz ausgleichen, die zwischen der geforderten Endgeschwindigkeit und der Geschwindigkeit von rund 6 km/sec der Beobachtungsstation besteht. Verbinden wir z. B. eine große Kugel aus Natriumblech, die an Ort und Stelle hergestellt und mit Brennstoff gefüllt wurde, mit einer kleinen, fest gebauten Rakete,

so daß diese die Brennstoffkugel vor sich herschiebt und aus dieser immer wieder nachgefüllt wird, so entsteht ein äußerst leistungsfähiger Apparat, der leicht imstande ist, bis zu einem fremden Weltkörper zu fliegen. Dort wird die Rakete nach der Oberfläche dieses Weltkörpers hinabgelassen, während die Brennstoffkugel um den betreffenden Weltkörper gravitiert und nach dem Aufstieg der Rakete wieder mit dieser verbunden wird, so daß der Apparat wieder zurückfahren kann.

Das Betreten fremder Weltkörper hätte sicher hohen wissenschaftlichen Wert. Ich möchte aber an dieser Stelle auf diesen Gegenstand nicht eingehen.

Anhang.

Erst bei Drucklegung dieser Schrift wurde mir die Arbeit eines amerikanischen Gelehrten, Herrn Prof. Dr. Robert H. Goddard vom Clark College in Worcester, Massachusetts, bekannt. Die Arbeit ist 1919 in Washington von der bekannten Smithsonian Institution veröffentlicht worden. Sie heißt: »A method of Reaching extreme altitudes« (Eine Methode zur Erreichung äußerster Höhen) und handelt über Raketen.

Prof Goddard konnte mit bedeutenden Mitteln experimentieren, während ich in der Hauptsache eine theoretische Behandlung des Problems versuchen mußte. Aus diesem Grunde ergänzen sich beide Arbeiten.

Goddard arbeitete mit rauchlosem Nitrozellulosepulver. Er prüfte zunächst die Arbeitsweise trichterförmiger, unter 8^0 divergenter Düsen und fand, daß auf diese Weise der thermische Wirkungsgrad außerordentlich verbessert wird. Er konnte bis 64½% der thermisch-chemischen Energie in Bewegungsenergie der ausströmenden Gase umsetzen (Exp. 51), während bei den besten bisher gebräuchlichen Raketen der Wirkungsgrad 2% kaum übersteigt. Goddard fand weiter, daß der Wirkungsgrad besser wird, wenn bei ähnlicher Form und gleichem Verhältnis der Pulvermenge zum Düseninhalt die Düse größer genommen wird. Das war natürlich zu erwarten, da bei seinen Versuchen die Pulvermenge mit der 3. Potenz, die Wandfläche und daher die Reibung aber nur mit dem Quadrate der linearen Größe wächst. Immerhin ist, zumal beim heutigen Stande der Aerodynamik eine experimentelle Bestätigung theoretischer Überlegungen durchaus notwendig. — Überraschend gering ist die Rolle der Reibung bereits bei kleinen Düsen. Der Düsenhals der kleineren Düse war ca. ½ cm weit; der thermische Wirkungsgrad liegt bei den mitgeteilten Experimenten zwischen 30 und 50%. Beim größeren Apparat war der Düsenhals 1 cm weit; der Wirkungsgrad liegt hier zwischen 57 und 65%, ein Beweis dafür, daß hier die Reibung sicher nur noch eine ganz minimale Rolle spielen kann. (Bei meinen Apparaten dürfte die Reibung allerdings im Verhältnis bedeutend höher sein.) Die Düsen, mit denen Goddard arbeitete, waren sorgfältig geglättet, und zum Teil aus bestem Stahl, zum Teil aus gewöhnlichem Eisen, jedenfalls aber aus massivem Material. Bei meinen Apparaten bestehen die Düsen dagegen aus dünnem Blech. Dabei wird es sicher nicht ohne Verwerfungen abgehen, auch beschlägt sich die Düsenwand der Wasserstoffrakete mit einer dünnen Eisschicht, was die Reibung auch wesentlich erhöhen dürfte. Dafür sind aber die Düsen bei meinen Apparaten auch bedeutend weiter, so daß die Reibung doch nicht größer sein wird. Die Höhe des thermischen Wirkungsgrades ist auffallend. (Die besten Dieselmotoren z. B. setzen kaum 40% der thermischen in mechanische Energie um, die Dampfmaschinen vollends geben nicht einmal 21% der zugeführten Wärmeenergie als Arbeit wieder.) Goddard erklärt die Höhe des thermischen Wirkungsgrades: 1. durch das Fehlen der Reibung, 2. durch die geringe Wärmeabgabe durch Leitung (da die Explosion sehr rasch vor sich geht) und 3. endlich durch die Höhe der Verbrennungstemperatur.

An der Hand sinnreicher Versuche konnte Goddard auf die Auspuffgeschwindigkeit im luftleeren Raum schließen. Er konnte bestätigen (was ja nach der Theorie zu erwarten war), daß die Auspuffgeschwindigkeit bei abnehmendem Luftdruck steigt und im luftleeren Raum einem Höchstwert zustrebt.

Goddard stellte weiter noch Versuche bezüglich des Materials des Apparates, bezüglich der Form und der Länge der Düse u. ä. an. Er hat von Versuchen mit vier verschiedenen Pulversorten berichtet. Er fand (was ja ebenfalls natürlich ist, wenn die Gase ungefähr dasselbe Molekulargewicht haben), daß die Auspuffgeschwindigkeit mit der Explosionswärme wächst. Die höchsten Geschwindigkeiten erzielte er mit dem rauchlosen Pulver »Infallible« der Hercules powder Cie. (Explosionswärme 1238,5 cal/g; Auspuffgeschwindigkeit bis zu 2,434 km/sec) und mit Du Pont Pistolenpulver Nr. 3 (972,5 cal/g bzw. 2,290 km/sec).

Goddard hat keinen bestimmten Apparat beschrieben. Das Prinzip, das er vorschlägt, besteht in folgendem: Das Pulver ist in einzelnen Patronen verpackt. Der Auspuffapparat ist verhältnismäßig klein und wird nach Art eines Maschinengewehrs, aber in rascherer Folge, automatisch geladen und abgefeuert. Der Apparat soll im allgemeinen denselben Zwecken dienen, wie mein Modell B. Er ist hierfür auch (wie ich offen gestehen muß) ohne Zweifel besser geeignet als ein Sauerstoffapparat. Freilich hat das Prinzip Goddards auch nicht die Entwicklungsmöglichkeiten, die ich im dritten Teil meiner Schrift besprochen habe.

Goddard selbst hat an die Verwendung von Wasserstoff und Sauerstoff gedacht, wie aus einer Anmerkung (19, S. 67) hervorgeht. Doch ist er nicht weiter darauf eingegangen, er bemerkt nur, daß der Gebrauch des Apparates dadurch schwieriger werden würde. Vielleicht hat er sich der leichteren Anwendbarkeit wegen für die Sprengstoffrakete entschieden.

Was den theoretischen Teil der Arbeit Goddards anbetrifft, so sind seine Berechnungen und Formeln leichter verständlich gehalten als meine. Doch dürfte meine Arbeit dafür auf diesem Gebiete im allgemeinen mehr bringen. Die Formeln und Berechnungen Goddards sind den meinigen natürlich durchaus ähnlich.

In schöner Art hat Goddard die Wahrscheinlichkeit eines Zusammenstoßes der Rakete mit einem Meteorstein berechnet.

Ich möchte noch erwähnen, daß Goddard an die Entsendung einer mit Leuchtpulver gefüllten Rakete nach dem Monde gedacht hat. Beim Aufprall soll sich das Leuchtpulver anzünden und damit das Auftreffen des Apparates sichtbar machen.

Ich kann hier natürlich nicht auf alle Einzelheiten dieser Schrift eingehen, doch kann ich sie allen Lesern, die des Englischen mächtig sind, empfehlen, denn die Experimente sind gewissenhaft durchgeführt, und die Schrift ist leichtverständlich und interessant geschrieben.

Daß ich unabhängig von Goddard vorgegangen bin, wird man wohl schon erkennen, wenn man beide Arbeiten miteinander vergleicht. Übrigens kann ich durch Zeugen beweisen, daß meine Arbeiten bis 1907 zurückreichen. Mein erster fertiger Plan stammt aus dem Jahr 1909. Es handelte sich dabei um einen Apparat, der imstande sein sollte, mehrere Menschen mit emporzutragen. Die Treibapparate sollten mit angefeuchteter Schießbaumwolle nach Art eines Maschinengewehres versehen werden. Das Gas sollte oben seitlich ausströmen. Die Form der Düsen war noch ziemlich unvollkommen. Sie glichen völlig den Wasserdüsen bei den Peltonschen Turbinen und hatten auch wie diese Regulierstifte, die automatisch wirken und übermäßigen Andruck verhindern sollten. Die Munition war in Kammern mit dünnen, feuchten Wänden untergebracht, die abgeworfen werden sollten, wenn sie leer waren. Das Ganze erinnert an Fig. 17 (S. 41). Trotz aller Unvollkommenheiten wäre ein derartiger Apparat imstande, aufzusteigen. Damals kannte ich bereits die physikalischen Erscheinungen des Andrucks, die Formeln (19) S. 18 sowie (1) — (5) und die Beziehungen § 7) 1—3, 5—7, 17, 18. 1912 entwarf ich den ersten Plan zu einer Sauerstoff-Wasserstoffrakete. 1918 berechnete ich ein kleines Modell, bei welchem die Auspuffgase unten ausströmen und die unterste Rakete eine Alkoholrakete sein sollte. Die Formeln 6—11 stellte ich im Sommer 1920 auf, als ich versuchte, eine vollständige Raketentheorie zu entwickeln. Den Plan zu Modell B errechnete ich anläßlich der Niederschrift dieser Arbeit im Winter 1921/22, um daran die Umsetzung meiner Theorie in die Praxis zu demonstrieren, ebenfalls noch völlig unabhängig von Goddard. — Weitere Einzelheiten dürften hier wohl nicht mehr interessieren.

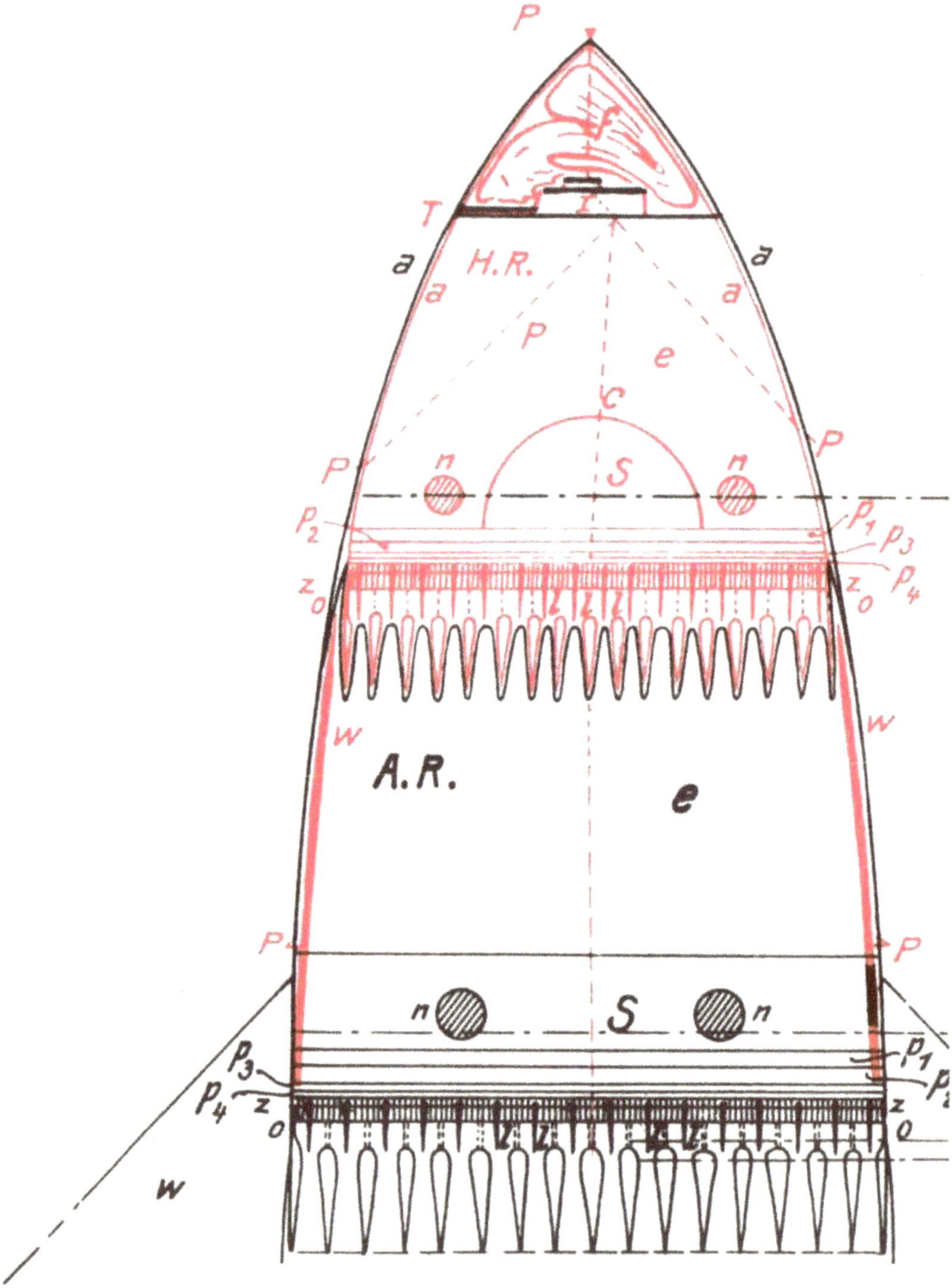

a: Spitze der A. R. und der H. R.
f: Fallschirm.
T: Zugang zu *I*.
e: Behälter für den Wasserstoff oder für das Alkoholwasser.
S: Sauerstoffbehälter.
I: Kammer für den Beobachter und für die Präzisionsinstrumente.
P: Periskope.
m, *n*: Heizgaspumpen.

Das Rotgezeichnete bezieht sich auf die Wasserstoffrakete, das Schwarzgezeichnete auf die Alkoholrakete.

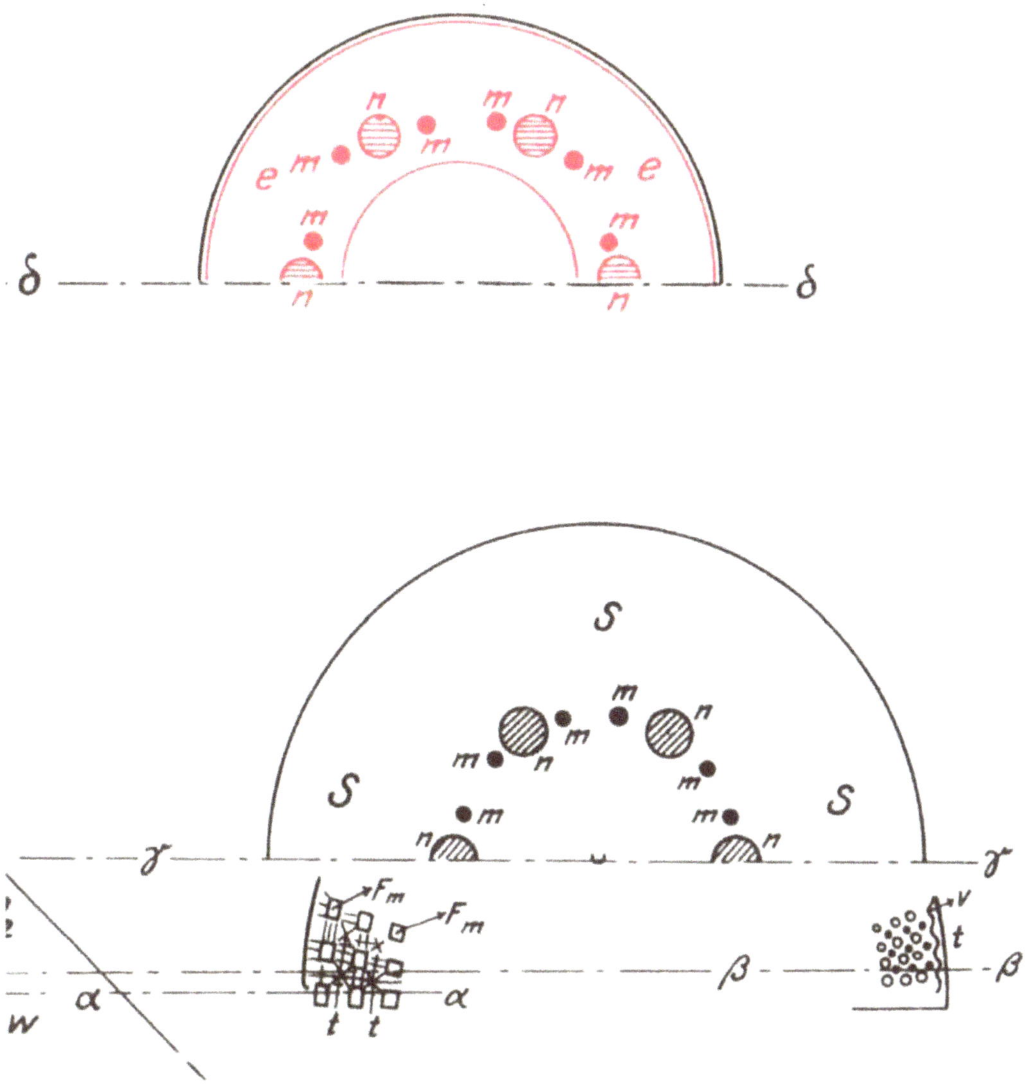

Fig. 53.

$p_{1,2}$: Pumpkammern für den Brennstoff.
$p_{3,4}$: Pumpkammern für den Sauerstoff.
F_m: Kleinster Düsenquerschnitt.
z: Zerstäuber.
l: Regulierstifte.
t: Düsenwand.
v: Zufluß hinter t und Reguliervorrichtungen für den Zufluß.
w: Flossen.
o: Ofen.

Tafel I.

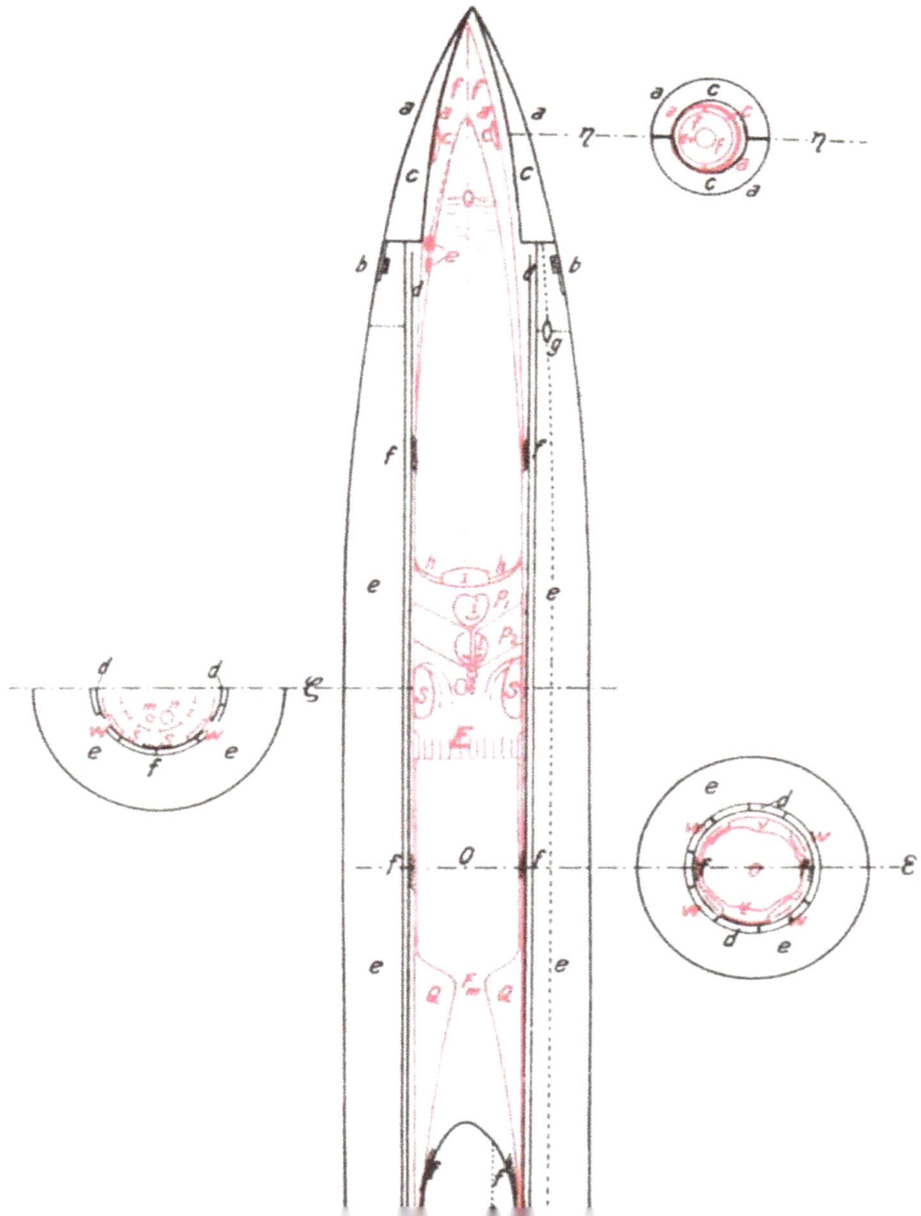

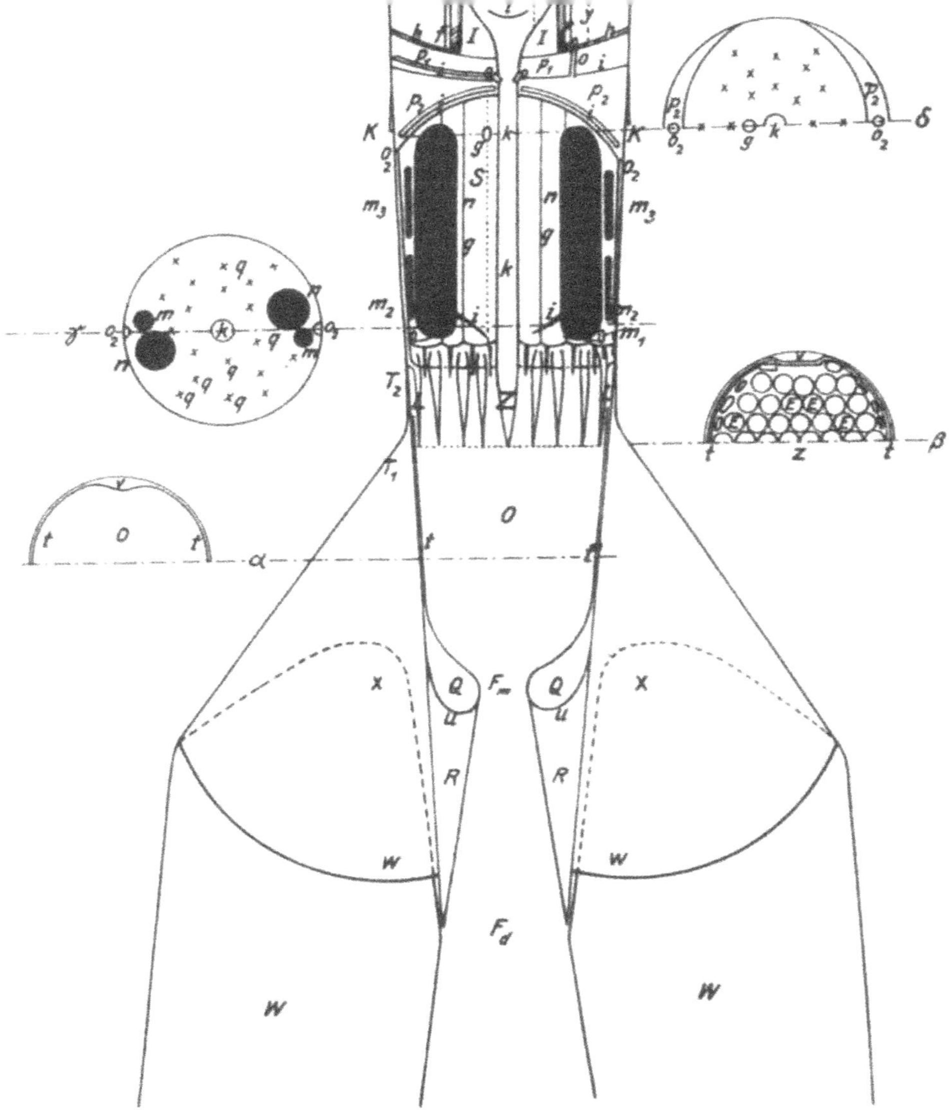

Maßstab 2 : 30

Modell B.

Tafel II.

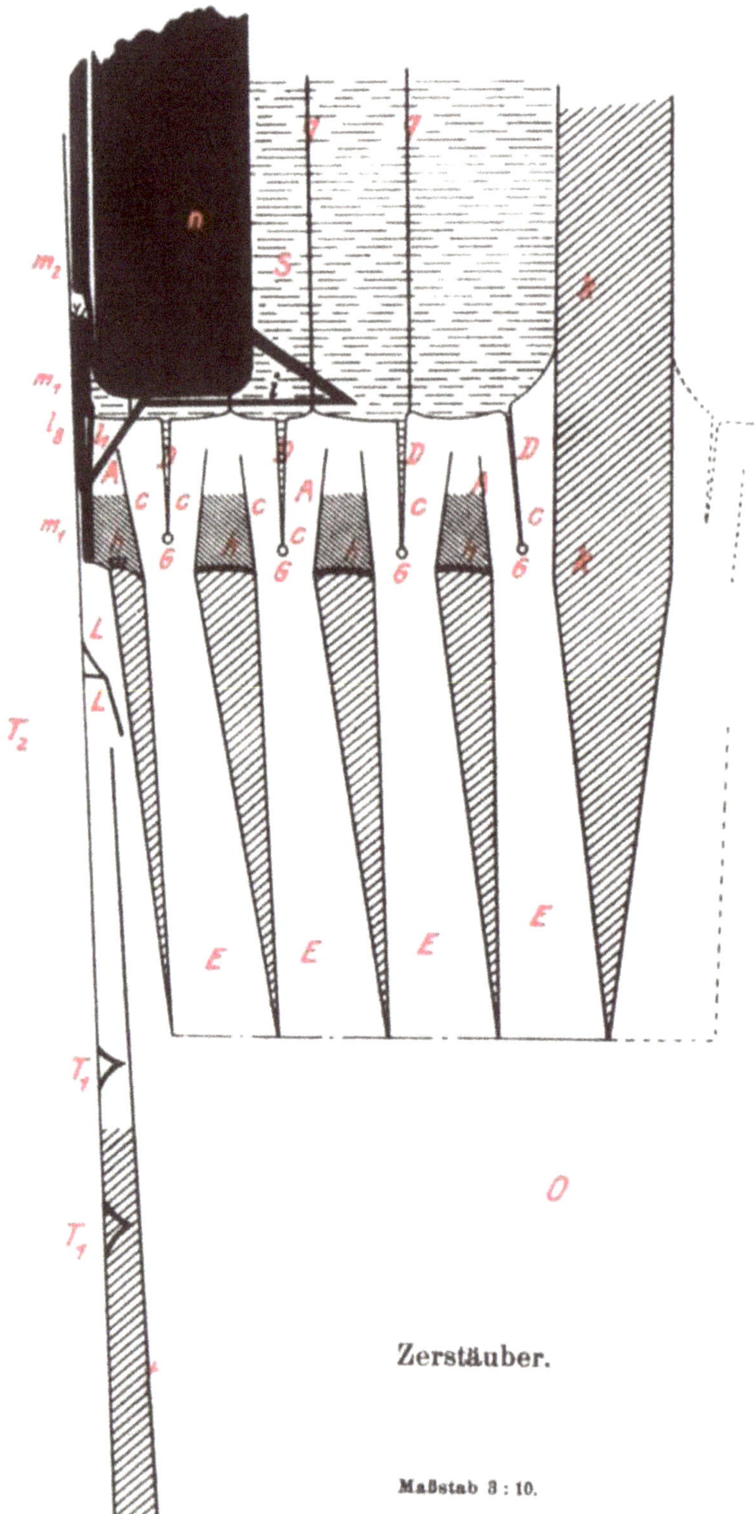

Zerstäuber.

Maßstab 3 : 10.

NACHWORT

Dieses Buch wurde im Dezember 1956 von der .American Rocket Society mit dem

G. EDWARD PENDRAY-PREIS

ausgezeichnet.

Ich glaube der Amerikanischen Raketen-Gesellschaft für diese Ehrung nicht besser danken zu können, als durch das ehrliche Bestreben, der Forschung und Wissenschaft auch weiterhin zu dienen.

Feucht bei Nürnberg
25. Juni 1959

H. Oberth

G. EDWARD PENDRAY AWARD
AMERICAN ROCKET SOCIETY
PRESENTED TO
HERMAN OBERTH
1956

www.ingramcontent.com/pod-product-compliance
Lightning Source LLC
LaVergne TN
LVHW070904300926
849162LV00011B/1849